核电厂应急柴油发电机组的试验

张　奇　孔　静　陈子溪　主　编
阴冀川　王　利　刘景宾　周　舟　刘业胜　副主编

中国原子能出版社

图书在版编目（CIP）数据

核电厂应急柴油发电机组的试验 / 张奇编著. —北京：中国原子能出版社，2021.11
ISBN 978-7-5221-1829-1

Ⅰ. ①核… Ⅱ. ①张… Ⅲ. ①核电厂–柴油发电机–发电机组– Ⅳ. ①TM314

中国版本图书馆 CIP 数据核字（2023）第 257148 号

核电厂应急柴油发电机组的试验

出版发行 中国原子能出版社（北京市海淀区阜成路 43 号 100048）
责任编辑 胡晓彤 裘 勖
装帧设计 崔 彤
责任校对 宋 巍
责任印制 赵 明
印　　刷 北京九州迅驰传媒文化有限公司
经　　销 全国新华书店
开　　本 787 mm×1092 mm 1/16
印　　张 6.875
字　　数 172 千字
版　　次 2021 年 11 月第 1 版 2021 年 11 月第 1 次印刷
书　　号 ISBN 978-7-5221-1829-1 **定 价** **30.00 元**

网址：http://www.aep.com.cn **E-mail：atomep123@126.com**
发行电话：010-68452845

前　言

核电厂应急电源（即应急柴油发电机组）作为能动型核电厂重要安全设施，其主要功能是在核电厂失去外电源时，向需要应急供电的厂用设备供电并使机组安全停堆；在失去厂外电源且发生反应堆冷却剂事故的情况下，立即向所必须的安全级设备供电以保证堆芯应急冷却及尽量减少放射性物质的向外释放。

为确保应急柴油发电机能够在核电厂各种工况下执行其安全功能，有必要对新开发的应急柴油发电机样机开展鉴定试验。对于已经通过鉴定试验并已安装于核电现场的应急柴油发电机，则应通过现场调试试验和定期试验充分验证应急柴油发电机的安全功能及其可靠性，因此有必要对上述涉及应急柴油发电机的相关试验进行详细分析说明。

本书介绍了核电厂电气系统的基本结构，阐述了核电厂应急柴油发电机主要特点，分析了应急柴油发电机的鉴定试验方法，论述了应急柴油发电机的出厂试验、调试试验以及定期试验的基本要求。

本书主编为张奇、孔静、陈子溪，副主编为阴冀川、王利、刘景宾、周舟、刘业胜。第一章张奇、周舟负责编写，第二章阴冀川、陈子溪负责编写，第三章张奇、刘业胜负责编写，第四章孔静、阴冀川负责编写，第五章陈子溪、王利负责编写，第六章孔静、刘景宾负责编写。全书由王忠秋、初起宝校核。

在本书编写过程中，虽然经过反复斟酌和修改，但由于时间紧迫，难免存在不足之处，诚望广大读者提出宝贵意见，以便再版时修改完善。

本书编写组

2021 年 11 月

目　录

第一章　核电厂电气系统简介 ……………………………………………… 1

1.1　厂外电源系统 ……………………………………………… 1

1.1.1　系统定义 ……………………………………………… 1

1.1.2　系统运行 ……………………………………………… 2

1.1.3　系统组成及要求 ……………………………………………… 3

1.2　厂内中压交流配电系统 ……………………………………………… 4

1.2.1　系统定义 ……………………………………………… 4

1.2.2　系统运行 ……………………………………………… 5

1.2.3　系统组成及要求 ……………………………………………… 6

1.3　厂内中压交流电源系统 ……………………………………………… 7

1.3.1　系统定义 ……………………………………………… 7

1.3.2　系统运行 ……………………………………………… 8

1.3.3　系统组成及要求 ……………………………………………… 8

1.4　厂内低压交流配电系统 ……………………………………………… 10

1.4.1　系统定义 ……………………………………………… 10

1.4.2　系统运行 ……………………………………………… 11

1.4.3　系统组成及要求 ……………………………………………… 12

1.5　直流及交流不间断电源系统 ……………………………………………… 12

1.5.1　系统定义 ……………………………………………… 13

1.5.2　系统运行 ……………………………………………… 14

1.5.3　系统组成及要求 ……………………………………………… 15

1.6　SBO 电源系统 ……………………………………………… 16

1.6.1　系统定义 ……………………………………………… 16

1.6.2　系统功能及要求 ……………………………………………… 17

1.7　厂区附加交流电源 ……………………………………………… 17

1.7.1　系统定义 ……………………………………………… 17

1.7.2　系统运行 ……………………………………………… 18

1.7.3 系统组成及要求 …… 18
1.8 移动电源 …… 19
1.8.1 系统定义 …… 19
1.8.2 中压移动电源 …… 19
1.8.3 低压移动电源 …… 20
1.9 照明系统 …… 21
1.9.1 系统定义 …… 21
1.9.2 系统运行 …… 21
1.9.3 系统组成及要求 …… 22

第二章 核电应急柴油发电机组简介 …… 24

2.1 前言 …… 24
2.2 机组的主要功能 …… 24
2.3 机组的配置与结构 …… 25
2.3.1 柴油机组本体 …… 26
2.3.2 机械辅助系统 …… 27
2.3.3 电仪辅助系统 …… 31
2.4 机组典型特点 …… 33
2.5 我国核电应急柴油发电机组发展现状 …… 34
2.5.1 18PA6B 型柴油机 …… 35
2.5.2 12PC2-6B 柴油机 …… 36
2.6 我国应急柴油发电机组技术发展方向 …… 37

第三章 应急柴油发电机的鉴定试验 …… 39

3.1 核电厂电气设备鉴定概述 …… 39
3.1.1 设备鉴定的概述 …… 39
3.1.2 适用的规范和标准 …… 40
3.1.3 环境鉴定要求 …… 40
3.1.4 老化 …… 41
3.1.5 裕量 …… 42
3.1.6 抗震鉴定 …… 42
3.2 应急柴油发电机的性能要求 …… 43
3.2.1 基本要求 …… 43

3.2.2 整体设计 …… 44
3.2.3 稳态运行 …… 44
3.2.4 瞬态运行 …… 45
3.2.5 发电机 …… 45
3.2.6 辅助系统要求 …… 46
3.3 应急柴油发电机的鉴定试验要求 …… 46
3.3.1 初始型式试验 …… 46
3.3.2 老化 …… 48
3.3.3 抗震鉴定要求 …… 50
3.4 应急柴油发电机鉴定大纲示例 …… 51
3.4.1 常规试验 …… 51
3.4.2 型式试验 …… 55
3.4.3 验收依据 …… 58
3.4.4 试验后的检查 …… 58

第四章 应急柴油发电机组制造及出厂试验 …… 59

4.1 我国制造许可制度 …… 59
4.2 我国柴油发电机组的制造许可现状和监管形式 …… 60
4.3 应急柴油发电机组制造标准 …… 61
4.4 机组重要部件及制造要点 …… 62
4.4.1 柴油机（以 18PA6B 机型为例） …… 62
4.4.2 发电机 …… 67
4.4.3 公共底座 …… 69
4.4.4 电气控制监测保护系统 …… 69
4.4.5 机械辅助系统 …… 69
4.4.6 机组安装 …… 69
4.4.7 机组试验 …… 70
4.5 出厂试验方法和试验要求（以 12PC26B 为例） …… 70

第五章 应急柴油发电机组现场试验 …… 76

5.1 概述 …… 76
5.2 核电厂调试管理 …… 76
5.2.1 调试和调试管理 …… 76

5.2.2 法规要求 ……77
5.2.3 调试准备工作管理 ……77
5.2.4 调试过程管理 ……78
5.2.5 调试质保和质量控制 ……81
5.2.6 核电厂应急柴油发电机调试常见问题及管理建议 ……82
5.3 现场试验主要内容 ……84
5.3.1 现场验收试验 ……84
5.3.2 预运行试验 ……85
5.4 现场验收试验的具体施行 ……86
5.4.1 应急柴油发电机组启动 ……86
5.4.2 远方自动同期 ……86
5.4.3 升功率和负荷确认试验 ……86
5.4.4 应急柴油发电机组卸载 ……88
5.5 我国应急柴油发电机组制造质量与现场调试试验概况 ……88
5.5.1 应急电源设备制造质量有保障 ……88
5.5.2 应急电源现场调试试验结果良好 ……89

第六章 应急柴油发电机组定期试验 ……90

6.1 核电厂定期试验 ……90
6.1.1 定期试验作用 ……90
6.1.2 定期试验监督要求 ……90
6.2 应急柴油发电机组定期试验 ……91
6.2.1 定期试验相关的标准和规范 ……91
6.2.2 IEEE 387—1995 定期试验的内容及要求 ……93
6.2.3 国内核电厂应急柴油发电机组的定期试验内容 ……96
6.2.4 IEEE 387 与我国核电厂 EDG 定期试验的主要差异 ……97
6.2.5 IEEE 387—1995 定期试验执行可行性分析及建议 ……99

第一章

核电厂电气系统简介

核电厂电气系统用于为核电厂的厂用负荷供电。电气系统由厂外电气系统（厂外电源）和厂内电气系统组成，在部分堆型中还包括厂区附加电源和移动电源。厂内电气系统由主发电机、厂内中低压交流配电系统、厂内交流应急电源（在非能动压水堆核电厂中，采用厂内交流备用电源）、直流和交流不间断电源系统（UPS），以及照明和电气保护系统组成。厂内电气系统根据其安全重要性分为安全级和非安全级系统。

1.1 厂外电源系统

本节主要介绍我国核电厂厂外电源系统的系统定义、系统组成、功能及运行的相关要求。

1.1.1 系统定义

（1）概述

厂外电源系统包括厂外主电源系统和厂外辅助电源系统。

厂外主电源系统包含主开关站设备，主电源网控设备，主变压器，高压厂用变压器，高压导体，离相封闭母线、发电机出口断路器以及相关辅助系统，包括保护继电器和就地控制等。

厂外主电源系统从主开关站和电网连接的断路器电网侧端子开始，到主发电机的端子和厂用变压器低压侧端子为止。

厂外辅助电源系统包含辅助开关站设备，辅助电源网控设备，辅助变压器，高压导体以及相关辅助系统，包括保护继电器和就地控制等。

厂外辅助电源系统从辅助开关站和电网连接的断路器电网侧端子开始，到辅助变压器低压侧端子为止。

（2）功能

在机组正常运行期间，厂外电源系统将机组产生的电力输送至厂外输电系统和厂用电系统。在机组启动、紧急停机或电厂停运期间，厂外电源系统从厂外输电系统向厂用电系统供电。

厂外主电源系统和厂外辅助电源系统具体功能如下：

厂外主电源系统在机组启动或停运时，从厂外电网经主变压器及高压厂用工作变压器向厂用设备供电；当机组运行时，则由发电机经高压厂用工作变压器向厂用设备供电；当机组与电网解列时，发电机仍能经高压厂用工作变压器向其厂用负荷供电（即孤岛运行）。

厂外辅助电源是当失去厂外主电源及主发电机电源时，由厂外电网经辅助变压器向机组的厂区公用部分或全部厂用负荷供电。

（3）与其他系统的接口

厂外电源系统与以下系统存在接口：

1）厂外输电系统：在正常运行期间接收电厂发出的电力，并在机组启动、停机或电厂停运期间为电厂供电；

2）机组主发电机：在正常运行时发电；

3）中压交流配电系统：接收并向电厂负荷配电；

4）低压交流配电系统：为系统辅助设备（如风机、泵、加热器等）供电；

5）直流电源系统：为仪表和控制负载供电。

1.1.2 系统运行

（1）厂外主电源系统运行

厂外主电源系统是发电机通过主变压器向电网输送电力，并在其所设计的运行状况下向电厂厂用电供电。在正常运行或在机组停机和启动工况下，通过高压厂用变压器向厂用负荷提供电源。由于某种故障，与主变高压侧连接的断路器跳闸，发电机转为带厂用电运行，此时主变压器负荷跌至零，而高压厂用变压器负荷也由于厂用设备需求减少而下降。当同时失去发电机和厂外主电源，主变压器和高压厂用变压器的负荷降为零，常备厂用设备、应急厂用设备（包括安全及其他应急厂用设备）、厂区公用设备全部或部分切换至辅助变压器供电。

（2）厂外辅助电源系统运行

厂外辅助电源系统不是应急电源，而是厂用设备的厂外电源，是在电厂失去厂外主电源及发电机带厂用电失败后，给部分或全部厂用设备供电厂区公用。正常情况下，辅助变压器处于热备用状态。

1.1.3 系统组成及要求

厂外电源系统厂外主电源系统和厂外辅助电源系统组成。

厂外主电源系统由厂外主电源回路和相关设备组成。厂外主电源系统应包括以下必要的设备，这些设备将发电机发出的电能输送到电网，并给厂用电负荷供电。

（1）主变压器、厂用变压器、辅助变压器，其中主变压器的接地方式需要根据电网的具体要求设置；

（2）发电机出口断路器，本设备（GCB）应能够承受并开断发电机或系统发生短路时的最大短路电流。也可根据具体方案的情况采用负荷开关或者将断路器安装在其他位置；

（3）高压配电装置；

（4）隔离开关，在系统检修时用于将电气装置与电网可靠隔离；

（5）接地开关，在系统检修时用于将电气装置与大地可靠连接；

（6）高压导体，用于连接高压配电装置与主变压器；

（7）离相封母母线，用于连接主发电机、主变压器和高压厂用变压器；

（8）用于保护、测量和监控的设备。

厂外辅助电源系统由厂外辅助电源回路和相关设备组成。厂外辅助电源由辅助变压器提供，辅助变压器与电厂输电线路无关的厂外线路连接。在不具有独立的厂外线路的情况下，辅助变压器可以从其他单元机组引入电源，此时辅助电源系统仅包含辅助变压器及其相关设备。在具备独立厂外线路条件下，厂外辅助电源系统应包括以下必要的设备，这些设备在机组正常运行时热备用，在电厂失去主厂外电源和发电机电源时，这些设备开始运行并给厂用电负荷供电。

（1）辅助变压器，本设备的接地方式需要根据电网的具体要求设置；

（2）高压配电装置；

（3）隔离开关，在系统检修时用于将电气装置与电网可靠隔离；

（4）接地开关，在系统检修时用于将电气装置与大地可靠连接；

（5）高压导体，用于连接高压配电装置与辅助变压器，通常采用高压电缆；

（6）用于保护、测量和监控的设备。

1.2 厂内中压交流配电系统

本节主要介绍我国核电厂中压交流电源系统的系统定义、系统组成、功能及运行的相关要求。

1.2.1 系统定义

（1）概述

厂内中压交流配电系统采用单一电压等级，由厂用配电线路组成，向中压负荷供电。其系统边界始于主变和辅变的低压侧和厂内应急交流电源（对于非能动核电厂，即厂内备用交流电源）输出端的断路器，终于中压负荷的输入端（通常为电机）和厂用低压变压器的高压侧。

（2）功能

中压交流配电系统把电能输送到下列负荷：

1）用以保证核电厂启动，正常运行及正常停堆的非安全级负荷；

2）在核电厂运行或停运工况下需要独立运行的常备非安全级负荷；

3）用以缓解事故或安全停堆的核电厂安全级或非安全级相关负荷；

4）厂区公用的辅助性负荷。

（3）与其他系统的接口

1）以下系统向中压交流配电系统供电：

① 厂外电源系统：在所有工况下向全厂所有负荷供电，其电源来自厂外传输系统或者核电厂主发电机；

② 厂内应急交流电源（厂内备用交流电源）：在失去厂外电源工况下（LOOP）向核电厂（“华龙一号”堆型）安全相关负荷或常备非安全级负荷供电；

③ 厂区附加电源（如有）；

④ 中压移动电源（如有）。

2）中压交流配电系统供电的系统和设备包括：

① 通过中/低压变压器供电的低压交流配电系统；

② 中压电机。

3）中压交流电源系统的运行支持系统包括：

① 直流和交流不间断电源系统：向中压配电盘仪表和控制负荷设备供电；

② 电厂暖通和空调系统：控制运行环境；

③ 测量仪表和控制系统：远程监测及控制。

1.2.2 系统运行

（1）按照厂用电负荷分类，安全系统采用能动形式的堆型中，中压交流配电系统分为单元厂用母线，常备厂用母线，应急厂用母线与厂区公用母线。

1）单元厂用母线：当机组运行时，由发电机经高压厂用工作变压器为该母线分别供电；当汽轮发电机组停运时，经主变压器及高压厂用工作变压器由厂外主电源供电；当主变压器或高压厂用工作变压器故障时，这些母线停电，导致机组停运，反应堆停堆；

2）常备厂用母线：正常运行时，常备厂用母线由高压厂用工作变压器供电；当高压厂用工作变压器失电时，自动切换到辅助变压器上，由辅助电源系统供电；

3）应急厂用母线：正常情况下，安全级母线由高压厂用工作变压器分别通过常备厂用母线供电；事故时切换到辅助变压器，仍分别通过常备厂用母线供电；当上述两个电源均失去时，由厂用应急交流电源（应急柴油发电机组）向该母线供电；

4）厂区公用母线：厂区公用母线由同一厂区的两个单元机组的厂用电系统供电，正常时由其中一个单元机组的正常厂用电系统供电，当该电源系统故障或检修时，由另一个机组的正常厂用电系统供电。

（2）按照厂用电负荷分类，安全系统采用非能动形式的堆型中，中压交流配电系统分为正常厂用母线，可靠厂用母线与厂区公用母线。

1）正常厂用母线：正常厂用母线为核电厂单元机组启动、正常运行和正常停堆的过程中需要的厂用电设备供电。这些厂用电设备对供电可靠性没有特殊要求，但需要两路独立的厂外电源。这类厂用电设备为非安全级，如主冷却泵、主给水泵等。在机组正常运行或启动时，这些设备由主发电机或厂外主电源供电；在失去厂外主电源时，可以通过切换操作由厂外辅助电源供电，或通过主发电机孤岛运行进行供电；在失去全部厂外电源和主发电机跳闸之后，这些厂用电设备可以停运。

2）可靠厂用母线：可靠厂用母线为核电厂单元机组在启动、正常运行、正常停堆和失去全部厂外电源的工况下必须保持连续运行或连续供电的厂用电设备供电。这类厂用电设备为非安全级，允许一定时间的断电（如设备冷却水机组、重要厂用水泵和消防泵等）。在机组正常运行或启动时，这些设备由主发电机或厂外主电源供电；在失去厂外主电源时，可以通过切换操作由厂外辅助电源供电，或通过主发电机孤岛运行进行供电；在失去全部厂外电源和主发电机跳闸之后，这些厂用电设备仍须由厂内交流备用电源供电；在厂内交流备用电源也失去后，这些厂用电设备仍可用。

3）厂区公用母线：厂区公用母线为当一个机组停堆时，仍需运行的设备供电，主要是辅助系统（balance of plant，BOP）区域的非核级用电设备。这些设备需要由两个单元机组的厂用电系统分别供电。当电源系统故障时，自动切换至由辅助变压器供电。在机组正常运行或启动时，这些设备由主发电机或厂外主电源供电；在失去厂外主电源时，可以通过切换操作由厂外辅助电源供电，或通过主发电机孤岛运行进行供电；在失去全部厂外电源和主发电机跳闸之后，这些厂用电设备由另一个机组供电。

1.2.3 系统组成及要求

（1）中压交流配电系统设计应满足核电厂安全性、可靠性和可用性的要求；

（2）中压交流配电系统应有清晰的系统配置，为电厂运行程序的简化提供支撑；

（3）中压交流配电系统的配置应与总的隔离要求保持一致，确保电厂安全级和非安全级电源系统之间的相互隔离；

（4）中压交流配电系统厂用设备供电，不同安全序列的供电系统各部分之间不可交叉连接；

（5）根据对厂外电源系统的电压变化分析，应优化中压交流配电系统的电压水平，以确保电厂设备的正常运行；

（6）中压交流配电系统电压等级宜采用 10 kV、6.6 kV 或 6 kV；

（7）应尽可能减少独立正常运行母线的数量，并且不同母线应近乎均匀对称地分配负荷，以便于电压调节；

（8）在堆型首堆设计时，中压交流配电系统各段母线应留有足够的备用回路以满足后续设计修改的需要；

（9）中压交流配电系统应避免为不同序列的负荷供电；

（10）若非安全级的负荷需要安全级中压交流配电系统供电，则应采用安全级开关进行隔离；

（11）中压交流配电系统应采用独立的控制电源，其安全分级及序列应与其供电的中压交流配电系统一致；

（12）中压交流配电系统的控制电源应采用带蓄电池的直流电源系统，以保证在直流电源系统的正常电源失去后，仍能为中压交流配电系统的操作提供操作电源；

（13）中压交流配电系统的设计应能限制预期的短路电流；

（14）中压交流配电系统的开关柜的开断能力应与最大短路电流相适应；

（15）中压交流配电系统的保护整定应满足可靠性、选择性、灵敏性及速动性的基本要求，防止事故扩大，维持厂用电系统的稳定运行；

（16）中压交流配电系统应将重要的状态信息、主要故障和关键的参数送至测量仪表和控制系统，以供运维人员参考使用；

（17）中压交流配电系统的中性点接地方式应结合核电厂总体安全要求和电气系统安全要求综合考虑；

（18）当中压交流配电系统采用非有效接地方式时，应对电气系统接地故障进行监测，监测系统应易于识别故障地点；当出现对地绝缘降低时，应发出报警并允许设备继续运行；

（19）当中压交流配电系统采用有效接地方式时，应对电气系统接地故障进行监测，监测系统应易于识别故障地点；当出现接地故障时，应发出报警并切除故障回路；

（20）在厂内应急交流电源或备用交流电源孤岛运行方式下，配电系统应采用高阻抗接地或者不接地方式；

（21）中压交流配电系统应采用机械联锁，以保证进行检修维护人员的人身安全；

（22）中压交流配电系统应合理布置，以有效减少电缆长度，减小电容电流。

1.3 厂内中压交流电源系统

本节主要介绍我国核电厂厂内中压交流电源系统的系统定义、系统组成、功能及运行要求。本节所述的厂内中压交流电源，在安全系统采用能动形式的堆型中，是指核电厂中使用的安全级柴油发电机组；在安全系统采用非能动形式的堆型中，是指核电厂中使用的非安全级柴油发电机组。

1.3.1 系统定义

（1）概述

厂内中压交流电源系统包括厂内中压交流电源和相关的电源供电回路，其范围直至厂内中压交流配电系统的进线电源断路器。

（2）功能

当改进型核电厂失去优先电源和主发电机电源时，厂内中压交流电源能在任何预计运行事件或设计基准事故下为核电厂提供必要的电源。

对于不要求应急柴油发电机组执行安全功能的核电厂（如非能动核电厂），可靠的非安全级后备电源可以作为安全级电力系统的补充电源，以降低安全级电力系统失电的风险。

（3）与其他系统的接口

与其他系统的接口主要包括：

1）中压应急交流配电系统：作为电源为其供电；

2）低压交流配电系统，在正常运行时为柴油发电机组的辅助系统提供交流电源；

3）直流电源系统：为辅助系统和控制系统提供直流电源；

4）电厂控制系统和数据采集系统：远程控制及监测；

5）设备冷却水系统：为发动机冷却提供冷却水；

6）暖通空调系统：为房间和设备提供空气冷却；

7）消防系统：为房间和设备提供消防保护并与相应的辅助系统联动。

1.3.2 系统运行

（1）正常运行：应急/备用柴油发电机组从接到起动信号运行，经过带载直到稳定运行；

（2）特殊稳态运行：应急/备用柴油发电机组在备用状态，柴油发电机组保持热备用，机组预热及预润滑系统连续运行；

（3）特殊瞬态运行：中压母线上所带的 100 kW 以上的电动机在应急/备用柴油发电机组起动时的起动系数对母线造成的瞬时电压降，及电压恢复到 90%的时间应在规定值内。应急/备用柴油发电机组运行期间，柴油发电机的保护功能使其跳闸；

（4）正常启动：应急/备用柴油发电机组从备用状态切换到柴油发电机组带载状态；

（5）正常停机：应急/备用柴油发电机组从运行状态切换到备用状态，柴油发电机组自动停机除外。

1.3.3 系统组成及要求

厂内中压交流电源系统包括柴油机和交流发电机，辅助系统（起动、润滑、冷却、燃料供应、励磁等），燃料储存和传输系统，以及相关的就地（设备位置附近）仪表和控制系统。

（1）应急交流电源（为安全级中压配电系统配置）

1）每列安全级电力系统宜配置一套应急柴油发电机组，应避免多台发电机并列运行。如果每列安全级电力系统采用多个电源，应证明该配置方案是安全可靠的；

2）在各种设计工况下，应急柴油发电机组均应具备足够的容量和能力来加载对应序列的全部负载并保持连续供电，包括以下运行工况：

① 负载处于惰转运行状态；

② 发电机处于允许的电压和频率范围下限或上限运行时导致负载特性的改变；

③ 环境条件变化导致发动机降容运行；

3）在应急运行模式下，柴油发电机组应在设计规定的电压和频率范围内运行；

4）应急柴油发电机组应具备在设计基准要求的时间周期内持续运行且无需停机维护的能力，且应具备在 24 小时内以 10%的过载率持续运行 2 小时的能力；

5）当安全级母线失去优先电源和主发电机电源时，应急柴油发电机组应能自动起动。即使安全级母线未失电，应急柴油发电机组也可由应急信号触发而自动起动；

6）应急柴油发电机组的实际起动和接入时间应与安全分析中明确的起动时间相匹配；对“华龙一号”堆型，在收到起动信号的 15 秒内，应急柴油发电机组将自动起动，加速到额定速度，达到额定电压，并开始带载。每个应急柴油发电机组的起动和执行加载程序时间应在收到起动信号后不超过 40 秒。此外，无论何种安全分级的中压厂用交流电源分步加载的起动顺序设计都应尽量减少起动过程中产生的应力对原动机可靠性的不利影响；

7）厂内燃油及其他消耗品（如润滑油）应足够支持应急柴油发电机组运行至厂外电源恢复；

8）应急柴油发电机组的运行不应依赖与其不同序列的动力和控制电源；

9）只有当优先电源和主发电机均不可用时，厂内应急柴油发电机组才能投入，并按照规定顺序带载；

10）只有满足可靠性的相关要求时，安全级电力系统才能向非安全级负载供电。安全级电力系统与非安全级负载之间的隔离装置应作为安全级电力系统的一部分；

11）应急柴油发电机组应能自动卸载所有非必要的非安全级负荷，非安全级负荷不宜自动加载。在应急柴油发电机组的加卸载程序中，非安全级负荷的加载取决于应急柴油发电机组是否有足够容量来启动和运行；

12）当安全级电力系统母线由应急柴油发电机组切回优先电源供电时，应采用手动操作方式。当某一列安全级母线切回优先电源供电后，应确认其对应的应急柴油发电机组已恢复至正常备用工况，才能允许其他序列母线切回优先电源。禁止多列安全级母线同时从应急柴油发电机组切回优先电源供电；

13）为保证多重性和独立性，安全级应急柴油发电机组的支持系统（如通风系统、冷却水泵及润滑系统）应由本列电源供电；

14）应急柴油发电机组的辅助及支持系统的容量应满足电厂安全分析的总体要求；

15）用于应急柴油发电机组起动、接入、运行以及保护的控制系统应由同列的直流系统供电。

（2）厂内备用交流电源（为非安全级中压配电系统配置）

1）每列电力系统宜配置一套备用电源，应避免多台发电机并列运行。如果每列安全级电力系统采用多个电源，应证明该配置方案是安全可靠的；

2）在各种设计工况下，备用电源均应具备足够的容量和能力来启动对应序列的全部负载并保持连续供电，包括以下运行工况：

① 负载处于惰转运行状态；

② 发电机处于允许的电压和频率范围下限或上限运行时导致负载特性的改变；

③ 环境条件变化导致发动机降容运行。

3）在备用电源供电模式下，其应在设计规定的电压和频率范围内运行；

4）备用电源应具备在设计基准要求的时间周期内持续运行且无需停机维护的能力，且应具备在 24 小时内以 10%的过载率持续运行 2 小时的能力；

5）当失去优先电源和主发电机电源时，备用电源应能自动起动；

6）备用电源的实际起动和接入时间应与安全分析中明确的启动时间相匹配，对非能动电厂，每个备用电源应在收到起动信号后的规定时间内自动起动并准备带载。中压厂用交流电源分步加载的起动顺序设计都应尽量减少起动过程中产生的应力对原动机可靠性的不利影响；

7）厂内燃油及其他消耗品（如润滑油）应足够支持备用电源运行至厂外电源恢复；

8）备用电源的辅助及支持系统的容量应满足电厂安全分析的总体要求。

1.4 厂内低压交流配电系统

本节主要介绍我国核电厂厂内低压交流配电系统的系统定义、系统组成、功能及运行的相关要求。

1.4.1 系统定义

（1）概述

厂内低压交流配电系统由向安全级和非安全级的厂用负荷供电的 380 V 配电回路构成，用于向机组的全部低压厂用电设备供电。厂内低压交流配电系统的范围始于由中压交流配电系统供电的变压器的高压侧，止于负荷（电动机、加热器等）的输入端、充电器和直流及交流不间断电源系统的调压变压器的输入端、及照明变压器的一次侧。该系统包括配电变压器、配电盘以及相关的继电保护和就地仪表及控制。本节内容不包括交流不间断系统，也不包括正常和应急照明系统。

（2）功能

厂内低压交流配电系统的安全重要供电系统为用于事故缓解和安全停堆的专用安全设施提供低压电源；非安全重要供电系统根据电厂不同运行状态，为非安全级设备供电。由中压配电系统配电盘向厂内低压交流系统配电盘母线供电，低压配电系统向低压厂用设备供电，如电动机、照明变压器、蓄电池充电器等。

（3）与其他系统的接口

1）以下系统向低压交流配电系统供电：

① 中压交流配电系统：为向低压负荷供电的供电回路供电；

② 直流和交流不间断电源系统：为测量仪表、控制及保护装置供电。

2）低压交流配电系统供电的系统和设备包括：

① 厂用低压负荷：如电动机、阀门执行机构、电加热器、测量仪表及控制负荷；

② 直流和交流不间断电源系统；

③ 电厂正常及应急照明系统。

3）低压交流配电系统的运行支持系统包括：

① 电厂暖通和空调系统：控制运行环境；

② 测量仪表和控制系统：远程监测及控制。

1.4.2　系统运行

（1）低压交流配电系统设计

低压交流配电系统为三类电厂低压负荷供电，即专为单元机组正常运行的非安全级单元厂用设备，常备厂用设备及安全级的应急厂用设备。以此来根据负荷性质，将电厂的供电冗余性和可靠性划分多个等级，以同时满足先进压水堆的安全性、可用性和简化性的目标。

（2）供电母线设计

冗余电源应始终保持独立性，以确保低压交流配电系统的可靠性并且将短路要求最小化。冗余电源在向低压交流配电系统的母线或配电盘供电时，不得同时运行。即单母线正常情况下在同一时间应由单个电源供电；分段母线正常运行由两个电源供电，母线联络断路器打开。应按负荷特性要求，提供自动或手动的母线断电切换方案。

（3）主要连接和备用连接

低压交流配电系统的设计应按核电厂超设计基准事故的策略和程序要求，允许连接移动式发电机组。

1.4.3 系统组成及要求

（1）概述

清晰的系统配置能够为电厂运行程序的简化提供支撑。低压交流配电系统的配置应与总的隔离要求保持一致，确保电厂安全级和非安全级电源系统之间的相互隔离。

低压交流配电系统无论向单元机组运行专用的非安全级单元厂用设备、常备厂用设备还是安全级的应急厂用设备供电，均应与中压交流配电系统中用于同一类型负荷的配电系统形成合理的延续。不同安全序列的供电系统各部分之间不可交叉连接。

（2）安全级低压供电系统

安全级低压供电系统分为至少两个安全序列，不同安全序列的供电系统各部分之间不可交叉连接，在电气上和实体上相互隔离。应将安全级低压负荷分配到不同的配电装置上，以便充分使用配电变压器的容量，同时考虑将大功率电动机分配到不同配电装置上。

（3）非安全级低压供电系统

设计期望能够在最小化馈线回路和开关量的同时，实现最佳的系统可靠性和可操作性。

（4）设备定位

在条件允许的情况下，配电变压器及配电装置应尽量靠近负荷布置，以减少配电装置与负荷之间的电缆长度，减小压降。

（5）供电路径

冗余电源的电路应分开布线，以确保供电回路独立性，同时最大限度提高供电系统的可靠性及可用性。

1.5 直流及交流不间断电源系统

本节主要介绍核电厂的直流和交流不间断电源系统的系统定义、系统组成、功能及运行的相关要求。

1.5.1　系统定义

（1）概述

直流电源系统由电源、配电设备以及馈线回路组成，为核电厂中的直流负荷提供直流电源。该系统从安全级和非安全级蓄电池充电器的进线端开始，到直流负荷（电动机，控制负荷等）和交流不间断电源系统逆变器的进线端为止。

交流不间断电源系统由电源、配电设备以及馈线回路组成，为核电厂中需要持续运行的负荷提供交流不间断电源。交流不间断电源系统从逆变器和旁路变压器（备用调压变压器）的进线端开始，到该系统负荷的进线端为止。

（2）功能

直流和交流不间断电源系统旨在为仪控系统负荷，以及其他在核电厂启动、正常运行、正常或应急停堆等工况时所需的直流和重要交流负荷提供连续、可靠的电源。

在发生失去全部厂外和厂内交流电源的事件时，由蓄电池为需要持续运行的直流和交流不间断电源系统负荷提供电源。

直流和交流不间断电源系统中，在设计基准工况（DBC）下安全停堆以及事故缓解所必需的设备为安全级设备。系统中通常用于支持保护设备相关功能的设备为非安全级设备。

（3）与其他系统的接口

1）支持直流和交流不间断电源系统运行的其他系统包括：

① 低压交流配电系统：为蓄电池充电器、调压变压器、UPS、逆变器以及其辅助设备（如散热风扇，加热器等）提供电源；

② 暖通与空调系统：用于控制直流和交流不间断电源系统设备周围的环境温度；

③ 仪控系统：用于提供远程控制和指示功能；

2）直流和交流不间断电源系统主要给汽轮机润滑油泵、电动阀、电磁阀、仪控系统等供电，主要包括以下系统中的部分设备：

① 发电系统；

② 反应堆系统；

③ 专设安全系统；

④ 仪控系统；

⑤ 通信系统；

⑥ 应急照明系统。

1.5.2 系统运行

（1）母线冗余

安全级直流和交流不间断电源系统应设计有足够的冗余度，并与反应堆保护系统以及专设安全系统对电源系统冗余度的要求一致。

（2）部件冗余

直流和交流不间断电源系统部件应设计有足够的冗余度，以确保：

1）在能动核电厂中，任何一组蓄电池、蓄电池充电器或逆变器故障或不可用，不应导致紧急停堆或被迫停机。

2）在非能动核电厂中，安全级的蓄电池、蓄电池充电器或交流不间断系统母线失效，不应导致电厂紧急停堆、隔离或安全系统启动等电厂瞬态工况。

（3）蓄电池容量

直流电源系统蓄电池容量应满足下列运行要求：

按可能发生的最严酷工作周期向负荷供电至少 2 小时而不需要切除负荷。

在能动核电厂中，与处理全厂断电事故有关的负荷运行至少 8 小时，允许手动切除负荷或者执行负荷管理程序。应对事故的 8 小时负荷曲线应包括那些在全厂断电期间需要运行的直流和交流不间断电源系统负荷，并应假定在全厂断电之前和全厂断电期间没有 DBC 或其他独立故障发生。

在非能动核电厂中，相关安全级负荷在一个预计运行事件和事故工况后持续运行 72 小时，而不需要手动切除负荷或者执行负荷管理程序。应对事故的 72 小时负荷曲线应包括事故后监测和运行许可基准事件后的电厂控制相关的直流和交流不间断负荷。

根据核电厂事故管理，为其负荷提供足够长时间的电源以允许将其接入移动交流发电机。

蓄电池容量计算应依据最新版 NB/T 20028.1《核电厂用蓄电池　第 1 部分：容量确定》进行计算。建议采用标准中推荐的温度校正系数。用于计算蓄电池容量的工作周期应包括蓄电池放电周期内（如 2 小时、72 小时）预期出现的短时负荷和瞬时负荷。

（4）事故运行环境

在能动核电厂中，直流和交流不间断电源系统需要设计为在全厂断电工况下，没有强制冷却或环境冷却的情况下运行。在全厂断电工况下，所有不需要运行的电气负荷均应切除。

在非能动核电厂中，直流和交流不间断电源系统需要在失去全部交流电源的情况下，持续运行至少 72 小时而无须强制冷却或环境冷却。为了满足这一要求，在核电厂设计时，应考虑将该部分负荷限制在最小的范围之内。

（5）连续运行

在正常运行期间，蓄电池充电器、UPS 和逆变器通常应带负载连续运行。

在核电厂正常运行期间，除专用的备用蓄电池和蓄电池充电器外，蓄电池和蓄电池充电器通常应连接到直流母线上运行。

（6）工作电压范围

直流供电系统的设计应保证系统负荷及设备在运行电压范围内（包括浮充电、均充和放电末期电压）可靠运行。应通过分析证明操作电压可以保持在一个可以确保设备可靠运行的范围内。分析应包括电缆上的压降，且应包括稳态和切换瞬态在内的所有预期的运行条件。

（7）最少量切换操作

系统设计应在应急工况下尽可能地减少和便于进行必要的倒闸操作，以便有效的利用全部可用的蓄电池的供电能力。

1.5.3 系统组成及要求

直流和交流不间断电源系统包括蓄电池组、蓄电池充电器、逆变器、UPS、调压变压器、电动机控制中心、配电装置、相关地保护继电器和仪表，以及连接电源侧和负荷侧的所有电缆。

（1）一般要求

除另有规定外，直流电源系统的设计应符合 GB/T 14546《核电厂直流电力系统设计推荐实施方法》的要求。

直流电源系统应不接地运行。建议安装永久接地故障电流检测和选线装置。

直流和交流不间断电源系统中，为安全级负荷供电的回路应与为非安全级负荷供电的回路实体隔离并且电气独立。

直流电源系统的设计应最大限度地保证在所有正常和应急情况下，直流电源对核电厂安全级和非安全级负荷的可用性。正常情况下，直流系统应连接蓄电池和充电器运行。

直流和交流不间断电源系统应尽可能减少系统组件。

每一台逆变器或 UPS 都应该配备备用的交流电源，该备用交流电源通常采用调压变压器提供，并具有足够的容量，允许系统在单台逆变器出现故障或不可用时运行。对于安全级逆变器和 UPS，调压变压器回路应为安全级。

（2）安全级系统

安全级的直流和交流不间断电源系统应分成至少两个序列，不同序列之间应实体隔离并且电气独立。禁止将属于不同安全序列的系统的母线相连。

直流和交流不间断电源系统序列的设置应与反应堆保护组的数量和独立性要求及仪控系统中明确的反应堆停堆逻辑一致。

交流不间断电源系统的安全级负荷应由 UPS 或逆变器供电，主要包括反应堆保护、安全系统执行通道和安全系统仪控负荷。

在非能动核电厂中，由蓄电池供电的应对预计运行事件和事故工况后 72 小时的直流负荷应尽量小，即这类负荷应仅限于在事故工况下（包括失去全部交流电源）保持运行以确保电厂有足够的监测和控制的负荷。

反应堆保护系统的负荷应分配至不同序列，满足一个序列直流电源丧失不会导致电厂暂态，同时，应对该事件的系统中发生单一故障时，电厂仍能启动并维持安全停堆。

（3）非安全系统

非安全级直流和交流不间断电源系统应被认为是常备非安全级系统的一部分。因此，只要正常电源（厂外电源系统和主发电机）或厂内备用电源可用，就应由交流电源供电。

对于电厂中的大容量的直流负荷，如备用润滑油泵或密封油泵，应由单独的非安全级直流电源系统供电。

非安全级直流系统应包括冗余的电源供电母线、蓄电池和蓄电池充电器。冗余的充电器应从不同的交流母线引电。

非安全级交流不间断电源系统通过 UPS 或逆变器为包括电厂计算机、仪控系统负荷和火灾探测系统运行供电。

1.6 SBO 电源系统

本节主要介绍我国核电厂采用的 SBO 电源系统的系统定义、系统组成、功能及运行的相关要求。

1.6.1 系统定义

在全厂断电工况（SBO）下，若电厂还需要交流电源驱动的负载才能将核电厂带入可控状态，则应在电厂内或厂区附近设置 SBO 电源，为全厂断电时需要恢复供电的负荷提供电源。

1.6.2　系统功能及要求

在失去全部交流电源的情况下，SBO 发电机组作为备用电源，为用来防止和限制放射性物质泄漏的核安全厂用设备及非能动专用电源系统供电，并保证主控制室某些指示仪的工作，并使得单元机组运行必需的控制器可用。

在正常或设计基准事故工况下，SBO 电源系统不执行安全功能；

SBO 发电机组及其辅助系统都必须具有极好的启动和运转的可靠性。在全厂断电时，SBO 发电机组在接到启动信号设定时间内应能达到额定转速和额定电压，应合闸成功开始加载负载。发电机组能够在不需要外部干预下，连续 72 小时以额定工况运行。

1.7　厂区附加交流电源

在我国核电厂设计中，可根据需要配置厂区附加交流电源，本节介绍了厂区附加交流电源系统的系统定义、系统组成、功能及运行要求。

本节要求中的厂区附加交流电源，是指核电厂多机组厂区共用的非安全级柴油发电机组。

1.7.1　系统定义

（1）概述

厂区附加交流电源系统范围包括其独立厂房内的中压厂区附加柴油发电机组和相关的支持系统、中压交流配电系统、低压交流配电系统、直流电源系统。

（2）功能

在全厂断电的设计扩展工况下，厂区附加电源能给所需的核辅助设备供电。

在电厂正常运行期间，当一台应急柴油发电机组不可用时，厂区附加电源柴油发电机组作为交流电源投入使用，可以在规定的时间内临时执行应急柴油发电组的功能，防止因应急柴油发电机组的维修使核电机组进入非正常运行工况。

厂区附加交流电源系统不执行安全功能。

（3）与其他系统的接口

1）与其他系统的接口主要包括：

① 中压应急交流配电系统：当一台应急柴油发电机组不可用时应急中压母线段由厂

外附加电源系统供电；

② 公用配电系统：电厂正常运行期间为厂外附加电源系统的低压母线供电；

③ 电厂控制系统和数据采集系统：远程控制及监测；

④ 设备冷却水系统：为发动机冷却提供冷却水；

⑤ 暖通空调系统：为房间和设备提供空气冷却；

2）消防系统：为房间和设备提供消防保护并与相应的辅助系统联动。

1.7.2 系统运行

（1）正常运行：厂区附加柴油发电机组从接到启动信号运行，经过带载直到稳定运行。

（2）特殊稳态运行：

1）厂区附加柴油发电机组作为应急柴油发电机组的替代机组时，机组保持热备用，机组预热及预润滑系统连续运行；

2）当厂区附加柴油发电机组起动并向相应的中压母线供电后，中压母线上所带的100 kW 以上的电动机在厂区附加柴油发电机组起动时的起动系数对母线造成的瞬时电压降，及电压恢复到 90%的时间应在规定值内。厂区附加柴油发电机组运行期间，柴油发电机的保护功能使其跳闸；

3）厂区附加柴油发电机组作为附加电源时保持冷备用；

（3）正常启动：厂区附加柴油机组从备用状态切换到柴油发电机组带载状态；

（4）正常停机：厂区附加柴油机组从运行状态切换到备用状态，柴油发电机组自动停机除外。

1.7.3 系统组成及要求

在全厂断电工况下，若核电厂还需要交流电源驱动的负载才能将核动力厂带入可控状态，则可在核电厂内或厂区附近设置厂区附加交流电源。厂区附加交流电源不作为厂内电源的组成部分，不执行核电厂安全功能。厂区附加交流电源应便于接入相应负载所在的母线。若设计中未设置厂区附加交流电源，则应满足相关安全分析要求。

厂区附加交流电源具体要求如下：

（1）厂区附加交流电源应具备足够的容量为相关系统运行提供必要的电力供应，并在规定时间内将核电厂带入并维持在可控状态；

（2）应确保厂区附加交流电源能够应对全厂断电工况，包括确保反应堆热量导出、维持反应堆次临界状态以及乏燃料余热导出，并为其他电源可靠恢复提供足够的时间窗口；

（3）厂区附加交流电源应能够在核电厂安全分析和全厂断电分析中规定的时间内为相应负载供电；

（4）厂区附加交流电源尽量采用多样化设计，且不应受到厂内和厂外电源失电的影响；

（5）在正常情况下，为某一机组配置的厂区附加交流电源不应该与该机组的厂内电力系统相连。只有在安全级电力系统与其他电源断开连接后，才能由厂区附加交流电源供电；

（6）对维持厂区附加交流电源处于热备用状态的支持系统，可由一台或多台机组供电，并确保其电源配置不会影响厂区附加交流电源的可用性；

（7）应尽量降低应急柴油发电机组与厂区附加交流电源之间共因失效的可能性。不应存在因恶劣天气、外部事件或单一故障引发的单一缺陷，进而导致某一机组的应急柴油发电机组失效，并同时造成所有厂外电源及厂区附加交流电源失效。

1.8　移动电源

1.8.1　系统定义

根据国家核安全局发布的《福岛核事故后核电厂改进行动通用技术要求（试行）》，为应对全厂断电工况我国核电厂还应采用移动电源或其他场外临时电源用于恢复必需的电力供应。

移动电源一般包括中压移动电源和低压移动电源，采用车载移动型式，这两种电源不在电厂所属设备范围内。

1.8.2　中压移动电源

（1）功能

中压移动电源每厂址设置一台，用于核电厂严重事故工况下在厂内外交流电源和厂区附加柴油发电机组全部丧失时，为实施应急措施提供临时动力，以缓解事故后果，并为恢复厂内外交流电源提供时间窗口。

中压移动电源在事故工况下将为电动辅助给水泵及其运行所需要的控制电源恢复供电，电动辅助给水泵向蒸汽发生器供水，将堆芯热量导出。

（2）系统组成及要求

1）中压移动电源为非安全级，不执行安全功能；

2）中压移动电源宜采用整体式车载的中压柴油发电机组或其他适用的动力源；

3）中压移动柴油发电机组应设计有足够的容量以满足负荷的供电需求，以及使大容量电机启动时的电压/频率波动限制的允许的范围内；

4）中压移动柴油发电机组的所有设备都必须具备良好的启动和运行可靠性；

5）应设置专用的接入装置，使中压移动电源能及时便捷地接入相应的厂内中压配电系统母线；

6）中压移动电源的接入装置应保证接入操作足够简化，同时应配有机械联锁装置保证执行接入操作人员的人身安全；

7）中压移动电源应停放在专用库房内，并设计有专用道路使中压移动电源能快速到达接入装置。

1.8.3 低压移动电源

（1）功能

低压移动电源用于在丧失全部交流电源时（包括厂址附加柴油发电机），且考虑 SBO 电源同时丧失的情况下，应通过低压移动电源为应急措施提供临时动力，以缓解事故后果，为恢复厂内、外交流电源提供时间窗口。

低压移动电源在事故工况下应为包括核电厂安全参数的监测和控制，必要的通信、通风和照明，主泵密封及其他临时设施恢复供电。

（2）系统组成及要求

1）低压移动电源为非安全级，不执行安全功能；

2）低压移动电源宜为车载移动式的柴油发电机组或其他适用动力源的成套装置设计，装置所有设备的安装位置便于维修和保养；

3）低压移动电源系统中所有设备都必须具备良好的启动和运行可靠性；

4）应根据负荷加载要求进行发电机组功率计算，以确保发电机组容量满足加载要求；

5）发电机组的功率应考虑环境对其影响，留有一定的裕量；

6）低压移动电源需留有一定数量的备用出线断路器；

7）低压移动电源应设计简单便捷且安全的接入装置以接入低压配电系统；

8）低压移动电源应停放在专用库房内，处于备用状态，存放时需采取一定减震措施。

1.9　照明系统

本节介绍了我国核电厂照明系统的系统定义、系统组成、功能及运行的相关要求。

1.9.1　系统定义

（1）概述

核电厂照明系统包括正常照明和应急照明。应急照明包括备用照明、疏散照明和安全照明。

（2）功能

核电厂照明系统是在运行状态和事故工况下，为核电厂内的所有操作区提供充足的照明。

（3）与其他系统的接口

1）低压交流配电系统：可通过配电盘提供正常或备用交流电源，并为自带蓄电池的照明设备或主控室安全照明用蓄电池组提供主电源；

2）交流不间断电源系统：在交流电源完全失去的情况下，可向安全照明系统提供交流电源；

3）防雷接地系统。

1.9.2　系统运行

在正常工况下，正常照明与备用照明共同运行，为核电厂运行操作和维修工作提供足够的照度。工作场所及人员可达区域均应设置正常照明。

在正常照明的电源失效时，备用照明将为完成电厂的基本运行操作提供适当的照度。在正常照明失效后需要进行操作和活动的场所，应设置备用照明。对于主控制室、辅助控制点、消防控制室、消防水泵房、应急柴油发电机房、给消防设备供电的配电盘所在的配电间、防烟与排烟机房以及发生火灾时仍需正常工作的消防设备房应设置备用照明，其作业面的最低照度不应低于正常照明的照度。

在失去正常照明和备用照明期间，安全照明和疏散照明为电站内安全而有序的操作提供必要的照度，同时为控制室和人员疏散通道提供照明。

1.9.3 系统组成及要求

（1）系统组成

1）核电厂照明系统包括正常照明系统和应急照明系统。

① 正常照明系统包括正常照明、220 V/24 V 和 380 V 交流插座回路；

② 应急照明系统包括备用照明、疏散照明和安全照明。疏散照明包括安全出口标志灯、疏散指示标志灯和疏散照明灯。

2）核岛厂房的安全照明包括以下两类：

① 设置在反应堆堆腔水池、换料水池、乏燃料水池周边以及地坑等区域的安全照明，其功能是确保处于潜在危险之中的人员安全；

② 设置在主控制室及其相关区域的专有安全照明，其功能是保证操作人员进行安全停堆操作。

（2）设计准则

1）核电厂照明系统是非安全级的；

2）主控制室和辅助控制点在失去正常照明时，备用照明由应急（或备用）柴油发电机组供电；在备用照明也失去时，安全照明、疏散照明由蓄电池组或 UPS 供电，蓄电池组或 UPS 的供电时间由核电厂整体的运行安全策略决定；

3）用于主控制室和辅助控制点的照明设备应抵御安全停堆地震（SSE），不能形成飞射物伤及人员或影响附近的安全级系统元件的安全功能。为安全停堆地震后保持功能而设的照明应设计为抗震 I 类；

4）照明系统的设计应符合照明灯具、电缆、接地等适用的行业标准。

（3）控制要求

1）主控制室照明宜采用分区调光，智能控制方式。

2）反应堆厂房内的正常照明和备用照明宜通过集中控制方式进行控制。

3）正常照明控制

① 走廊、楼梯间、门厅等公共场所的照明，宜按建筑使用条件采取分区、分组控制措施；

② 有限的房间和少量的照明灯具采用单极或双极开关；

③ 大房间宜采用按钮和遥控继电器盒；

④ 室外区域照明宜采用光控和手动相结合的智能控制方式。（主要是指龙门架和屋

顶部分的照明）；

4）应急照明控制

① 正常工况下，备用照明及由直流和UPS系统供电的安全照明为连续工作；

② 自带蓄电池的疏散照明和安全照明由应急电源浮充电，光源不点亮；

③ 当失去充电电源时，疏散照明的应急转换时间不应大于5秒；

④ 安全照明的应急转换时间不应大于0.25秒。

第二章

核电应急柴油发电机组简介

2.1 前　言

近年来，我国核电产业发展取得了举世瞩目的成绩，核电技术研发和工程应用走在世界前列。核电作为一种安全、清洁、高效的能源，是全球碳中和活动的主要参与者和贡献者，核电的发电比例势必稳步提升。在核电的发展进程中，安全、高效与风险并存，历史上的三起重大核事故给核电的发展敲响了警钟，核事故一旦发生，将对生态环境、人民健康、当地经济造成不可挽回的巨大损失，因此在有效的利用核能的同时，更应该加强核安全能力建设，保障核事业积极安全和健康的发展。

为防止因技术原因、人为原因或自然灾害造成事故的发生，并最大限度地减少事故情况下的放射性后果，就有必要对核电厂或其他核设施采取必要和充分的保护、预防和缓解等安全措施，在上述设施中设置有大量专设安全设备，如反应堆安全注入系统、安全壳喷淋系统、反应堆余热排出系统、辅助给水系统、设备冷却水系统等。在核电厂发生失电事故时，由应急电源系统的柴油发电机组向专设安全设备应急供电，以确保其安全功能的实现；历史上的三起核事故中最严重的两起核事故均与应急柴油发电机组相关，尤其是福岛事故，因此核电应急柴油发电机组虽是核电厂最少使用，但不可缺少的重要设备，应急柴油发电机组是核电厂最后安全屏障的能量源头。

2.2 机组的主要功能

应急柴油发电机组（Emergency Diesel Generator，EDG）是核电厂在失去所有外部电源事故模式下，确保核反应堆余热导出，防止堆芯熔毁的应急安保电源设施。核电厂从进入冷试阶段起，机组就必须时刻处于应急备用状态，即准启动状态。因它承担着重要的使命，在设计、制造和试验等方面都对它提出了非常严苛的要求。它必须具有很好的机动性和可靠性，在规定的时间内具备输出电能的条件；必须具有很好的加载性能，在规定的时间内能够连续分步加载至满载并能长时间稳定运行；必须具有很好的抗自然灾害的能力，在停堆地震发生时和发生后仍保有正常的功能；必须具有很好的耐用性能，与核岛主设备同寿期。在核电厂正常外部电力供应发生故障时能继续向安全重要用电设备和装置供电，确保反应堆紧急停堆、堆芯热量的排除以及保障安全壳的完整性，最终限制事故的发展和减轻事故的发展。

根据核电厂的设计要求，当出现如下信号时，即可触发应急柴油发电机组的自动启动，使其在规定的时间（13 秒或 15 秒）内向应急中压母线提供电压，并最终启动反应堆安全注入系统等专设安全设备以确保核安全。

以二代压水堆核电厂为例。

① 核电厂应急母线失压（厂外电源全部失去）；

② 核电厂应急母线失压，同时发生安全注入信号（安全壳一回路大坡口，20 秒内安全壳温度和压力分别达到 186 ℃和 0.5 MPa）；

③ 核电厂应急母线失压，同时发生安全注入信号并发生安全壳喷淋信号（二回路大破口，370 秒内安全壳温度达 185 ℃，80 秒内压力达 0.52 MPa）。

2.3　机组的配置与结构

作为核电厂重要的安全系统，为满足电厂设计的冗余要求，应急柴油发电机组在核电厂呈现冗余状态配置的。核电厂单堆配置的机组数量与反应堆安全序列数量保持一致，根据压水堆核电厂的技术路线的不同，其单堆配置的应急柴油发电机组数量也不同，AP1000 堆型无安全序列，则配置的应急电源系统为非安全级别；CPR1000 堆型和“华龙一号”中核集团所属核电厂 A、B 两个安全序列均配置一台应急柴油发电机组；“华龙一号”中广核集团所属核电厂和田湾 VVER 堆型则分别配置 3 台和 4 台急柴油发电机组。

应急柴油发电机组作为复杂的机电一体系统成套设备，涉及机械、电气、电子、仪表多个行业，是一套完整的综合系统设施。由柴油机、与之相连的发电机及相关机械、电气辅助系统、控制和保护系统、监测系统构成。其中柴油机和发电机及其支撑台架（公共底座）组成柴油发电机组本体；机械辅助系统主要包括燃油系统、滑油系统、启动空气系统、冷却水系统和进排气系统等；中性点柜、控制柜、辅机配电柜和同期柜等构成电气辅助控制和监测系统。应急柴油发电机组所含物项示意图如图 2-1 所示。

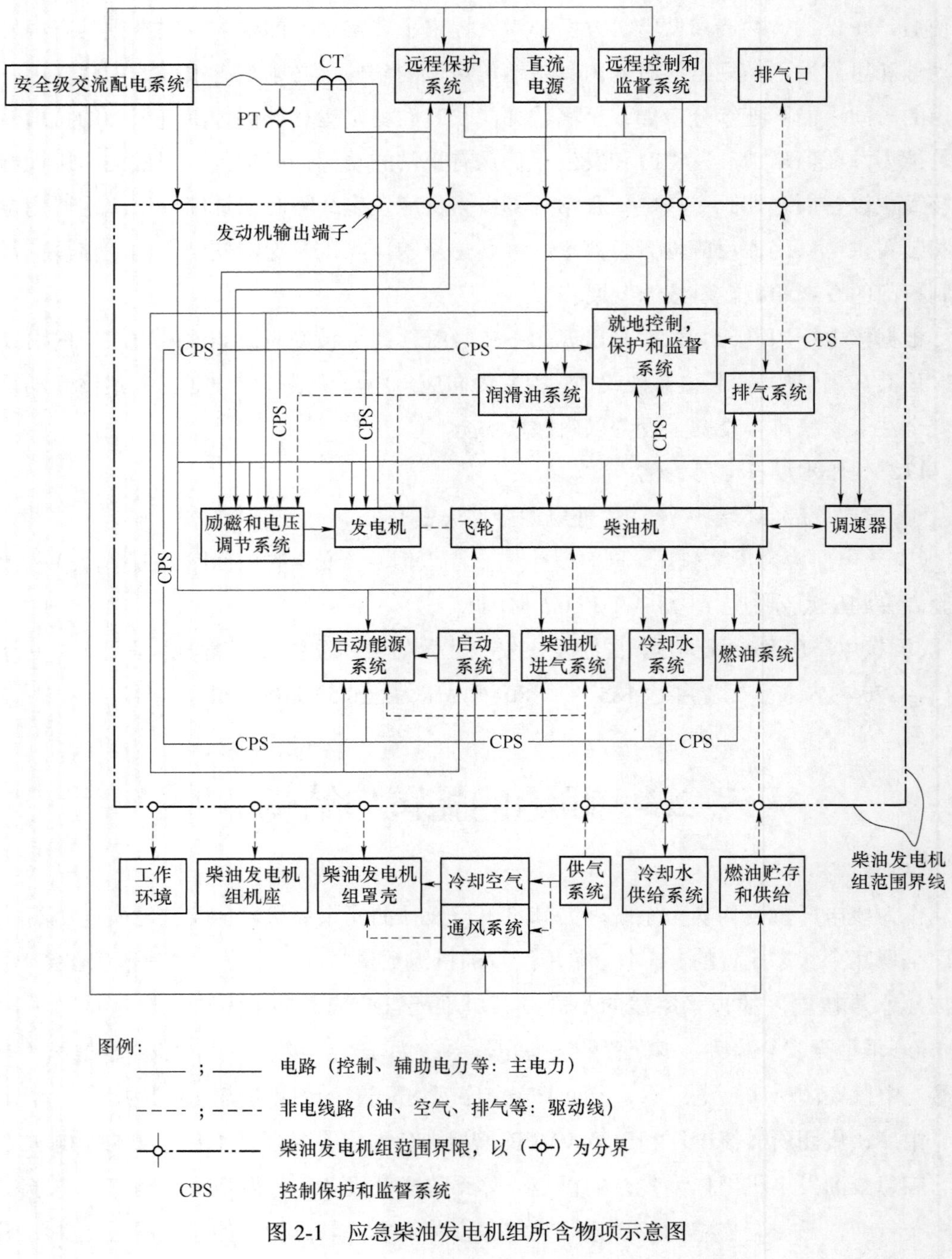

图 2-1　应急柴油发电机组所含物项示意图

2.3.1　柴油机组本体

机组本体，主要包含柴油机、发电机、公共底座，如图 2-2 所示。

图 2-2 应急柴油发电机组所含物项示意图

机组本体中的柴油机以轻柴油作为燃料，通常为中高速柴油机。柴油机通过高速活塞运动压燃雾化的柴油，柴油爆炸燃烧产生能量对活塞顶面产生巨大推力，活塞将推力通过连杆传递至曲轴，曲轴以旋转的型式对外输出的机械能。发电机通常为 6.6 kV/10 kV 的交流发电机，柴油机与发电机通过联轴节或刚性直连的方式进行连接，发电机将柴油机提供的机械能转化为电能。柴油机与发电机安装在一个整体的公共底座上，在底座内部设置有润滑油底壳。

2.3.2 机械辅助系统

机械辅助系统（见图 2-3）是在机组本体外设置的一些设备，目的保障柴油机组的正常运行。其由燃油系统、滑油系统、压缩空气系统、冷却水系统和进排气系统。

根据相关标准的规定，整个燃油系统和排气系统、滑油系统的部分，与包裹它们的全部或部分系统外壳，都应进行防护，以避免暴风雨、洪水、爆炸和管道破裂带来的损坏。

（1）燃油系统

应急柴油发电机组的燃油系统主要是保障燃油的正常供给和储存，通过燃油主储油罐、燃油日用油箱、输送泵等设备保障燃油的正常补给和储存；通过机带燃油泵、燃油增压泵、压力调节阀等设备提供机组正常运行所需的燃油流量和压力，通过燃油快速切断装置保护机组的运行安全。

该系统由日用油箱、机带泵、机外泵、管道、阀门，就地仪表，远传仪表等组成（见图 2-4）。

燃油系统为满足核电厂的需要，还应满足如下要求。

现场储存的燃油最低量应足以使柴油发电机组在设计基准事故和失去厂外电源后，在以下最长的期限内向所需要的应急厂用设备供电：

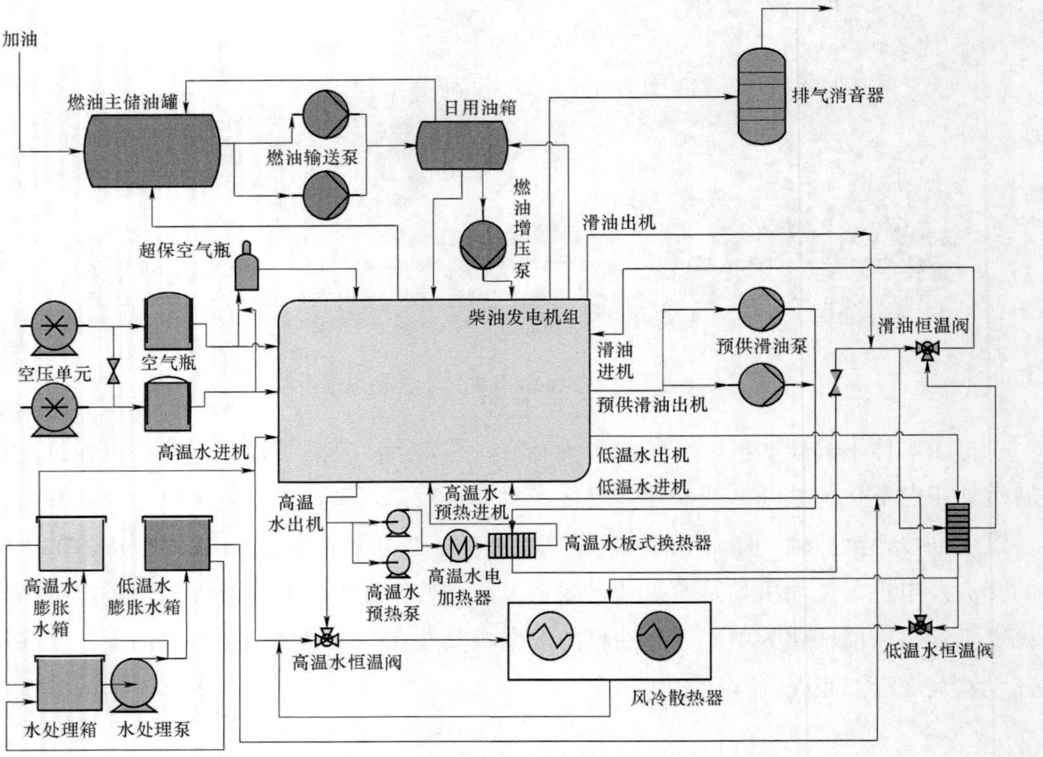

图 2-3　典型核电应急柴油发电机组机械辅助系统

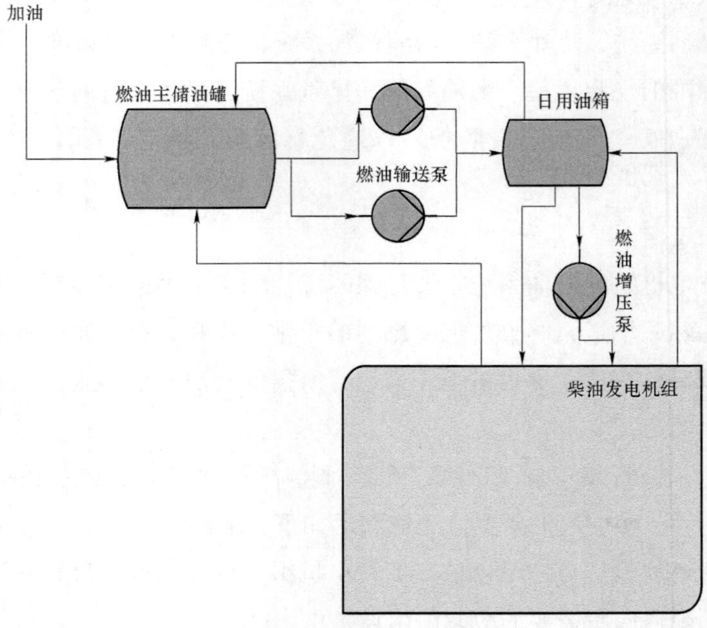

图 2-4　燃油系统简图

1）半负荷下 7 天；

2）补充燃油所需的时间。

① 一台柴油发动机具有一个由其供油泵充油的燃油箱。这个燃油箱通过输油泵从储油罐供油，可使柴油发动机在输油泵不运行的情况下以满功率运行 60 分钟；

② 采取防护措施，以尽量减少火灾和爆炸的起因。

（2）滑油系统

为了确保柴油发动机在起动和带载时不受机械损坏，系统内滑油应能实现被加热并以电动泵驱动柴油机内循环，以使柴油机在备用期间保持暖机状态。

滑油系统主要由预供滑油泵、机带泵、油底壳、换热器（高温水/滑油）、换热器（低温水/滑油）、管道、阀门，就地仪表，远传仪表等构成（见图 2-5）。

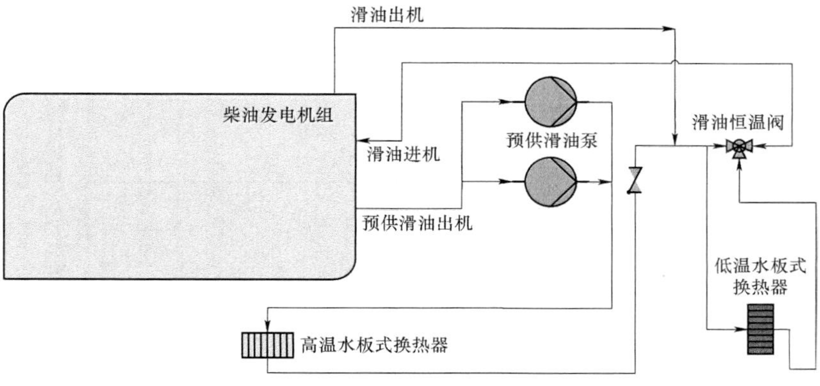

图 2-5　滑油系统简图

主要实现机组滑油的预供，后供，以及机带泵的后备功能。但其在机组运行状态和备用状态下功能截然不同。

机组运行时，油底壳（或油箱）中的滑油经机带泵抽入循环系统，经滑油冷却器、自净式滤器和油封油滤器，输送至相应部位，其中有部分滑油经旁通管路上的颗粒检测器和离心滤器的过滤，流回油底壳（或油箱）。

当机组备用时，滑油有预供滑油电动泵加压，经滑油/高温水板式换热器加热，进入柴油机内部，对机组运动部件进行润滑和预热，以保证机组随时可以快速起动和带载。

（3）冷却水系统

应急柴油发电机组的机组冷却方式采用冷却水闭式循环冷却。柴油机运行中本体的温度场是不均匀的，不同区域有不同的温度需求，由高温水系统、低温水系统负责冷却。冷却水系统主要由高温水循环系统、低温水循环系统和高温水处理/补充系统组成。

高低温水循环系统通过各自系统的输送泵保证流体介质在柴油机和热交换器中循环流动并带走多余的热量，而高温水处理/补充系统主要是对循环的高温水的水质进行化学处理，以避免由于水质变坏而引起的柴油机零部件的结垢和腐蚀情况发生，同时补充由于蒸发而减少的高温水量。该循环系统主要冷却对象是缸盖、缸套和一级空冷器等。

高温冷却水系统在备用状态时需要承担柴油机预热的主要功能，将机组预热至备车温度，降低机组在快速启动带载时缸盖区域由于温差的剧烈变化产生机械故障的风险。

高温水处理/补充系统：在经过软化后的水中添加化学药剂，使冷却水达到柴油机日常运行所规定的水质要求，通过输送泵随时补充高温水循环系统中的损失量。

低温水冷却系统主要冷却对象是滑油和二级空冷器。高低温冷却水系统最后由风冷散热器将热量导出至大气。

（4）压缩空气系统

柴油发动机组装有两套独立的压缩空气起动系统（见图 2-6），由空气压缩机、空气瓶、阀门、管道、传感器，可以一起使用或单独使用，保证机组的启动、停车、紧急停车；系统主要包括低压回路和高压回路。

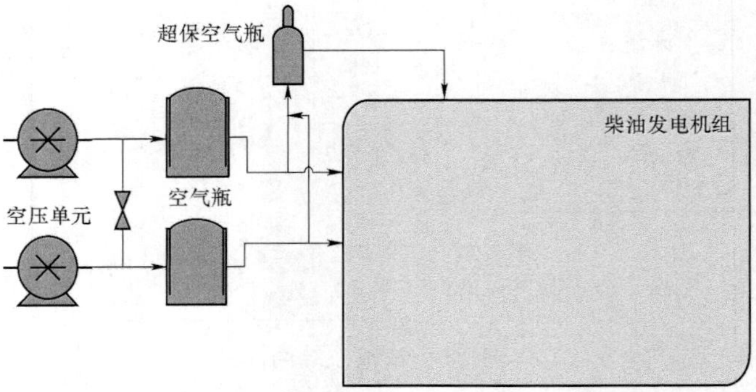

图 2-6　压缩空气系统

压缩空气系统中高压回路是常见的大型柴油机的起动能源，附带的也为柴油机超速保护停车时提供了更快速的响应速度。

低压回路用于实现电气信号转化，一般用于正常操纵柴油机的停车和启动阀。

（5）进排气系统

完成柴油机的进排气交换，为柴油机提供燃烧用的空气，并将燃烧后废气排出，在系统中通常设置有消音装置，以保障机组的噪声水平达到技术要求。主要由进排气管、增压器、排温方杆、热电偶、传感器等组成（见图 2-7）。

不同的型号的柴油机的机械辅助系统的配置需求也是不一致的，同时辅助系统配置也根据项目场景的不同也要作出调整，所以辅助系统的设计和制造中涉及到了广泛的学科和工程经验。例如：考虑风沙环境的话，进排气系统内进气一般需要增加专用的进气室以减少空气颗粒度的影响；平均气温的影响下，低纬度地区需要比高纬度地区配置更大的风冷散热器。

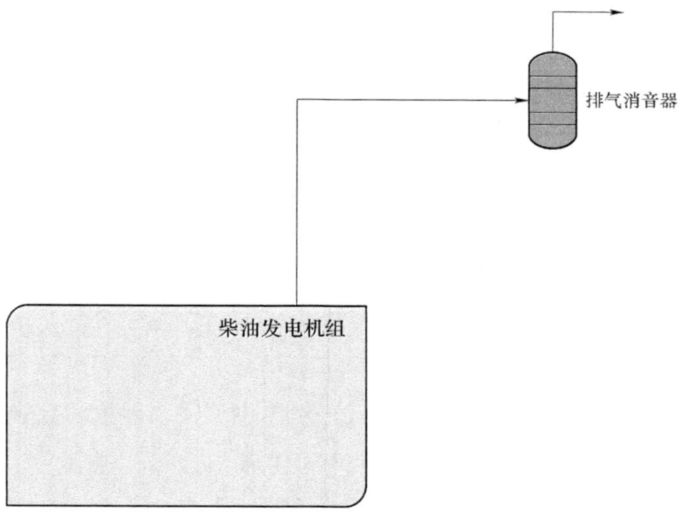

图 2-7　进排气系统

2.3.3　电仪辅助系统

电仪辅助系统由电气和仪控设备组成（见图 2-8），主要是对柴油发电机组进行控制和监测，并设置相关保护功能，是应急柴油发电机组自动控制的“大脑”，也是操纵员与机组的交互平台，确保机组实现其预设的功能。具体分为速度调节和超速保护系统、机组控制和保护系统、励磁调节系统、仪表监测装置、电气保护系统、中压系统以及低压配电系统。

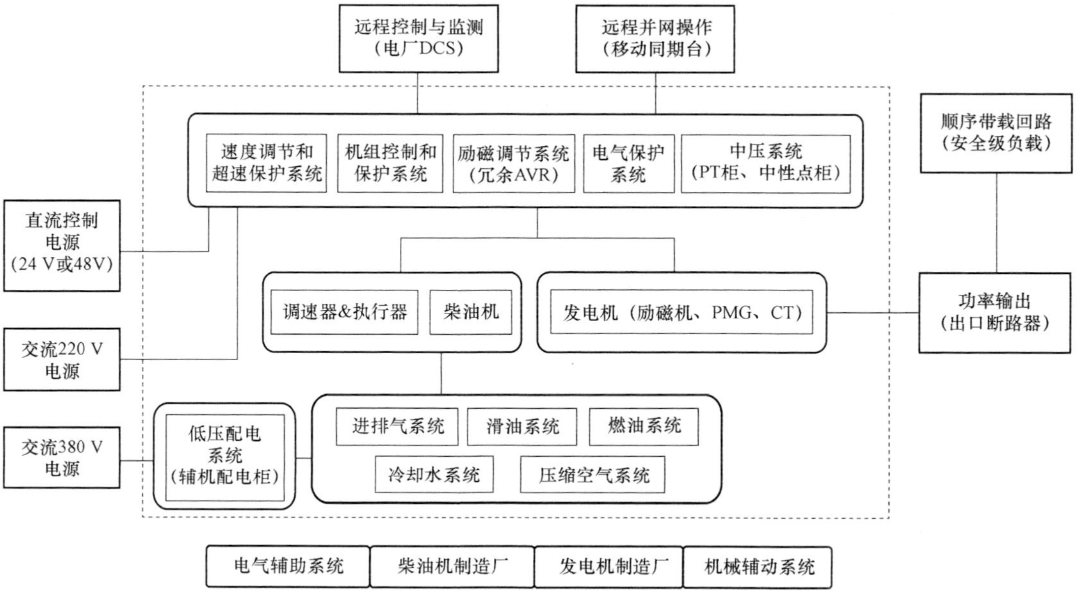

图 2-8　典型核电应急柴油发电机组电仪辅助系统组成图

（1）速度调节和超速保护系统

速度调节部分，通过电子调速器控制执行机构，调节喷入柴油机中的燃油实现在给定转速下输出一定的功率，确保机组的转速稳定、加减负荷时调节机组的动态响应。转速信号采集在核电中通过双通道冗余的速度传感器来实现。执行机构具有机械备份功能。

超速保护部分，通过超速保护装置的门限设定，对柴油机的超速进行保护。根据RCC-E 的特殊要求，防止干扰和误信号导致 EDG 自动停车，EDG 在应急工况下需要采用三取二表决逻辑。

（2）机组控制和保护系统

完成对柴油机的正常起动、应急起动、正常停机、紧急停机和联锁控制等功能。

完成机械辅助设备的启停控制和联锁控制（柴油机的运行联锁）。

完成对机组热工参数测量和保护（各辅助系统的温度、压力、液位等），完成机组的报警显示及远传。

（3）励磁调节系统

励磁调节系统主要通过励磁柜完成对发电机的励磁控制，输出励磁电流给发电机转子，并根据发单机输出电压来实时调节电压大小［通过自动电压调节器（AVR）实现］，维持稳定运行。一般励磁机的电源由发电机上的同轴永磁机提供。

（4）仪表监测装置

仪表监测装置是由工控机，采集模块，传感器，一次仪表等组成。时刻监视和显示着机组的运行状态，同时也承担了超限报警，数据记录和数据远传的工作。

（5）电气保护系统

机组的保护由电气保护系统完成。保护分为非安全级保护和安全级保护，分别针对了日常运维的试验模式和事故工况下的应急模式。

试验模式下，所有保护均作用于发电机；应急模式时，仅安全级保护允许生效执行，非安全级保护只报警，实际保护动作被抑制。

（6）中压系统

中压系统为机组电气参数的测量、控制和保护提供配套设备。如电压互感器柜中安装电压互感器，将发电机额定电压转换成二次低压信号，二次信号供发电机保护装置、电参数仪表、励磁柜及自动同期装置使用，实现电气保护、电参数测量、励磁及同期功能。

通常的机组所含的中压设备为发电机和电压互感器柜。

（7）低压配电系统

低压配电系统为机组的辅助设备提供动力电源，同时对这些负荷提供保护、监视和控制。

2.4　机组典型特点

为实现核电厂应急状态下的启动和可靠运行，应急柴油发电机组应具备以下特点。

（1）在正常的维护保养下，设计寿命满足 40～60 年的要求。

（2）必须具备黑启动能力，即柴油机可不依靠外部电源启动和运行；

（3）通常对启动成功时间有强制要求，启动成功的为在规定时间内达到额定频率和电压，通常为 10 秒或 15 秒；

（4）针对柴油机本体具有一项强制要求，每个气缸配置单体高压油泵，一个高压油泵的故障不应导致柴油机停机；

（5）系统设计体现冗余性，如压缩空气启动、燃油输送等设备或系统设置一用一备；

（6）重要控制逻辑，防止误报，选择 3 取 2 控制方法；

（7）系统设计中需体现核级压力边界完整性以及核级与非核级系统/回路的隔离；

（8）系统中的核级设备，均应满足相应的核级要求，进行核级鉴定，主要参考标准 RCC-M，RCC-E；

（9）具备抗地震能力；

（10）机组应进行核级鉴定，鉴定标准为 IEEE 387 或 EJ/T 625、KTA3702 等。

部分机组性能参数如表 2-1 所示。

表 2-1　18PA6B 系列应急柴油发电机组性能参数

持续功率	6 300 kWe
短时功率	6 930 kWe
机组额定容量	7 875 kVA
机组额定电压	6 600 V
相数	三相
满负荷功率因数	0.8
额定频率	50 Hz
额定转速/怠速	1 000 r/min/500 r/min
稳态电压调整率	±2%
瞬态电压调整率	−15%～+20%
电压恢复时间	≤2 s
稳态频率调整率	3%
瞬态频率调整率	±10%
频率恢复时间	≤3 s
稳态频率波动率	±0.5%
起动及加载成功率	＞99%

2.5　我国核电应急柴油发电机组发展现状

早期国内核电厂使用的应急柴油发电机组的供应商均为 MTU、MAN 和瓦锡兰等国外供货商。随着我国核电的发展和国家对核电产业提出国产化，国内供应商陆续开始进入核电市场，从单一的设备供应商在逐渐转变为总承包商。通过企业自身发展和国家相关机构的扶持，目前应急柴油发电机组已具备完整的机组设计和制造能力，现阶段我国在建核电厂的机组全部由国内企业承制。

国内核电应急柴油发电机组主要制造商有两家，陕西柴油机重工有限公司、沪东重机有限公司。可进行成套供货的公司有陕西柴油机重工有限公司、沪东重机有限公司、中船重工集团公司第七〇三研究所以及山西北方安特优发动机有限责任公司组成的联合体。

部分国内核电厂核电应急柴油发电机组相关信息统计如表 2-2 所示。

表 2-2　国内核电应急柴油发电组信息统计

核电厂名称	数量	型号	柴油机品牌
福清核电厂 5～6 号机组	4	12PC2-6B	MANS.E.M.T. Pielstick
漳州核电厂	4	12PC2-6B	MANS.E.M.T. Pielstick
太平岭核电厂	6	12PC2-6B	MANS.E.M.T. Pielstick
防城港核电厂 3～4 号机组	6	12PC2-6B	MANS.E.M.T. Pielstick
昌江核电厂 3～4 号机组	4	12PC2-6B	MANS.E.M.T. Pielstick
三澳核电厂	6	12PC2-6B	MANS.E.M.T. Pielstick
陆丰核电厂 5～6 号机组	6	12PC2-6B	MANS.E.M.T. Pielstick
台山核电厂	8	14PC2-6B	MANS.E.M.T. Pielstick
秦山第二核电厂 1～2 号机组	4	16PC2-5	MANS.E.M.T. Pielstick
红沿河核电厂	12	18PA6B	MANS.E.M.T. Pielstick
田湾核电厂 5～6 号机组	4	18PA6B	MANS.E.M.T. Pielstick
田湾核电厂 7～8 号机组	8	18PA6B	MANS.E.M.T. Pielstick
宁德核电厂	8	18PA6B	MANS.E.M.T. Pielstick
防城港核电厂 1～2 号机组	4	18PA6B	MANS.E.M.T. Pielstick
昌江核电厂 1～2 号机组	4	18PA6B	MANS.E.M.T. Pielstick
辽宁徐大堡核电厂	8	18PA6B	MANS.E.M.T. Pielstick
田湾核电厂 1～4 号机组	16	956TB33	MTU
秦山第二核电厂 3～4 号机组	4	956TB33	MTU
方家山核电厂	4	956TB33	MTU

续表

核电厂名称	数量	型号	柴油机品牌
福清核电厂 1～4 号机组	8	956TB33	MTU
岭澳核电厂二期	4	956TB33	MTU
阳江核电厂	12	956TB33	MTU
大亚湾增机项目	3	956TB34	MTU
岭澳核电厂一期	4	UD45	瓦锡兰
大亚湾核电厂	4	UD45	瓦锡兰
秦山核电厂	3	东风 4B	大连机车厂

应急柴油发电机组功率主要由其在执行核安全功能时所带载的安全级电气设备功率所决定，我国在建和运行核电厂使用的应急柴油发电厂机组功率基本在 1 000～9 000 kW 范围内；其相关机型按照功率可分为三类。

（1）1 000～1 600 kW 功率段

该功率段主要适用 21/31 系列柴油发电机组，包括三种机型，分别为 6L21/31 柴油发电机组、8L21/31 柴油发电机组及 9L21/31 柴油发电机组。

（2）3 000～6 700 kW 功率段

该功率段主要使用 PA6B 系列和 956 系列柴油发电机组，包括三种机型，分别为 12PA6B 柴油发电机组、18PA6B 柴油发电机组及 20PA6B 柴油发电机组、20V956TB33 柴油发电机组。

（3）7 000～8 300 kW 功率段

该功率段主要使用 PC2-6B 系列柴油发电机组，包括两种机型，分别为 12PC2-6B 柴油发电机组及 14PC2-6B 柴油发电机组。

目前核电厂主要采用 6 000 kW 和 8 300 kW 的柴油机组。其中 6 000 kW 机组主要采用 18PA6B 与 MTU956TB33 这两型柴油机，多用于 M310 堆型、CPR1000 堆型以及 VVER 堆型核电厂。

8 000 kW 机组主要采用 12PC2-6B 型机组，目前多用于三代“华龙一号”堆型核电厂以及 CAP1400 堆型核电厂。以下介绍两种我国自主制造的典型的应急柴油发电机组柴油机。

2.5.1　18PA6B 型柴油机

该系列柴油机为 MAN S.E.M.T. Pielstick 专利，中速，其型式为四冲程、V 型、涡轮增压中冷、单作用、直喷式；具有单缸功率大，结构紧凑，可靠性高的特点。主要结构参数如表 2-3 所示。

表 2-3　18PA6B 柴油机主要结构参数

机型	18PA6B
型式	四冲程、中速单作用、V 型、不可逆转、涡轮增压、中冷
缸数	18
缸径	280 mm
冲程	330 mm
压缩比	12.5
燃烧室型式	直喷式
喷油型式	机械传动，单体喷油泵
增压型式	涡轮增压
起动方式	压缩空气起动
冷却方式	闭式双循环水冷
净重	42 t

根据用户当地的环境条件和机组使用功率范围的要求，柴油机采用室内进气的方式，柴油机在标准状况下最大持续使用功率为 6 660 kW，且柴油机连续运行 24 小时具有 2 小时短时功率的能力（短时功率为 110%持续使用功率）

2.5.2　12PC2-6B 柴油机

该系列柴油机（见图 2-9）为 MAN S.E.M.T. Pielstick 专利，其型式为四冲程、V 型、涡轮增压中冷、单作用、直喷式；具有单缸功率大，结构紧凑，可靠性高的特点，适用于陆用电厂和核电厂应急柴油发电机组。

图 2-9　12PC2-6B 型柴油发电机组

柴油机主要结构参数如表 2-4 所示。

表 2-4　12PC26B 柴油机主要结构参数

机型	12PC2-6B
型式	四冲程、单作用、V 型、不可逆转、涡轮增压、空气中冷
标准条件下的最大持续功率	8 640 kW
柴油机单缸功率	720 kW
缸数	12
缸径	400 mm
冲程	500 mm
单缸工作容积	62.8 L
压缩比	12.5
活塞平均速度	10 m/s
额定转速	600 r/min
怠速	300 r/min
平均有效压力	2.387 MPa
气缸爆炸压力	17±0.5 MPa
发火转速	80 r/min
起动方式	双空气分配器
干重	87 t
外形尺寸（长×宽×高）	7 700 mm×3 750 mm×3 700 mm

2.6　我国应急柴油发电机组技术发展方向

随着核电技术不断发展，对核电应急柴油发电机组的也提出更多的新的要求。目前主要技术发展方向有两个，一个方向是机械辅助系统的集成化设计，另一个方向是电仪辅助系统的向数字化发展，以及最为重要的自主品牌柴油机的研制工作。

核电应急柴油发电机组是核电厂内独立的一个小型发电厂，属于典型的复杂机电一体系统成套设备，其系统组成复杂，辅助系统设备与机组对外接口的数量多，从而导致应急柴油发电机组在现场安装工作量大，周期长，以及安装难度高的问题。集成化设计方案不是简单地对系统设备进行精简，而是采用科学合理的设计方案，利用模块化设计理念对设备的结构进行优化，在合适的空间和位置进行布置，以满足集成后设备功能不受影响，如抗震性能，冗余设置等核级要求不降低，并且充分考虑可维修性。

电仪辅助系统由早期的纯继电器搭接的第一代产品以及核级回路采用继电器与非核级回路采用 PLC 的第二代产品，正在向第三代产品发展。第三代产品将采用专用数字化电控系统，其不仅具有第二代的产品的技术优势，同时可靠性更高，运行维护更加便利更优。数字化系统的逐渐应用成熟，为实时监测收集机组数据成为了可能，电子大数据可以更好地观测机组的状态趋势，为机组的预防性维修提供可靠的预测。

目前国内核电应急柴油发电机组中的，柴油机品牌基本均为国外品牌，采用国内制造的方式进行供货，随着国家对核电关键设备自主化率提出了更高的要求，陕西柴油机重工有限公司与沪东重机有限公司均已开始核电柴油机的研制工作，分别研制机型为 SXD 12V40/52 与 HHM 12MV390MF-N，研制成功后，可在三代核电厂中大量进行应用。

第三章

应急柴油发电机的鉴定试验

“单一故障准则”是核电厂反应堆安全纵深防御的重要准则，核电厂的安全系统均为冗余设置，并采用了隔离准则和多样性准则。因此，系统安全重要设备的可靠性是应用前提。按冗余性和多样性原则设置的核安全重要设备，不应存在可能导致设备失效的共因故障机理，对于这一重要前提的确认或验证过程，称之为核电厂安全重要设备的环境鉴定。

3.1 核电厂电气设备鉴定概述

安全相关的电气和仪控设备一般采用型式试验、分析、经验或这些方法相结合进行鉴定。通过研究待测设备的安全相关功能和设备鉴定的参数分析采用的具体的方法。一般在仪控系统和安全相关电气设备的环境和地震鉴定，优先选用试验或与分析相结合的方法。

所有鉴定方法的最终结果要确保制定出可追踪的和可核查的文件，文件采用合适的独立审查，证明在正常和异常环境中以及在设计基准事件（DBE）过程中和发生后设备执行其设计功能的能力。

3.1.1 设备鉴定的概述

设备鉴定的实质是一个证明安全重要系统和设备具备所需安全功能的过程，其目标是验证并显示核电厂安全重要设备在其预期的鉴定合格寿期内，不存在因设计、制造缺陷，或因储存、运输、安装、调试或使用不当，而造成的可能导致设备共因故障的缺陷或失效机理，从而为“单一故障准则”“独立性准则”“纵深防御”等安全准则在核电厂安全重要系统中的有效实施，提供一个高可信度的保障。

总体而言，设备鉴定的基本方法有试验法、论证分析法和运行经验法三种。

试验法是在对设备进行老化评价并确定了设备的潜在明显老化机理的基础上，采用加速老化试验的方法，等效模拟设备在特定环境条件下和预期鉴定合格寿期末的技术状态和运行工况，并通过设计基准事件环境模拟试验，来验证设备在所要求时间内执行规定的安全功能的能力。

论证分析法是在试验数据、运行经验、物理定律的基础上，充分地考虑并计及明显老化机理对设备的影响，运用有效的数学模型，或通过严谨的逻辑推导，来证明设备能在特定的运行环境中和所要求的时间内，保持其安全功能的完整性。

运行经验法是通过对类似设备在相近或更严酷环境中的成功运行数据的收集和分析，类比论证设备执行其安全功能的能力。

但在实际的鉴定操作过程中，由于经济和时间投入的限制，或缺乏有效模型，或缺乏必要的数据等种种原因，任何仅仅倚重于上述某一种基本方法的鉴定并不多见，而较普遍的是采用上述方法的组合来实施设备鉴定。

3.1.2 适用的规范和标准

核电厂设备鉴定涉及的标准大多为美系 IEEE 标准，例如：IEEE 323、IEEE 344 等，美国核管理委员会 NRC 又通过发布 RG 管理导则的形式对上述标准进行了确认和补充，使其满足核安全法规的要求。

IEEE 323 建立了设备鉴定准则，该准则已由美国核管会（NRC）RG1.89 背书。IEEE 323 提供的设备鉴定准则我国应急柴油发电机鉴定要求、鉴定方法和鉴定程序的制定基础。

设备抗震鉴定主要遵循美国核管会管理导则 RG1.100 及其背书的 IEEE 344—1987。

3.1.3 环境鉴定要求

设备鉴定报告应提供证据证明所鉴定的设备适合于所安装位置的各种运行环境下使用，在这些运行环境下（包括正常、异常、核事故及事故后等工况），设备应能执行其安全功能。

设备环境鉴定参数应包括但不限于辐照、温度、压力、湿度和蒸汽、热和化学影响、化学喷淋、老化和淹没。开展鉴定时，应考虑叠加效应和要求的设计裕量，应规定设备老化和鉴定裕量。

对于严酷环境中安装的安全重要设备，应确定其鉴定寿命。和缓环境中的安全重要设备，应确定设计寿命。应确定设备的维修活动、监督、定期试验以及在推荐的环境条件下维护鉴定结果所进行的任何部件的更换。

（1）正常运行工况

正常工况是预期经常发生，要求电厂设备能够连续和稳定地实现其安全相关功能的那些电厂工况系列和电厂工况范围。

（2）异常运行工况

异常环境条件是指设备设计的运行时间周期内无须任何特殊校准或维护的正常电厂工况的极端范围。异常环境定义为能够导致设备各个位置环境短期改变的可能的电厂使用异常。异常事件在电厂寿命内可能多次发生。

（3）设计基准事故

设计基准事故和事故后工况是指由各种假想设备和管道破裂导致的电厂工况，在这些工况下，在严酷环境里，安全相关设备应运行而不降低安全相关功能。设计基准事故是设计基准事件的一部分。要求缓解事故后果或需进行安全停堆操作的系统和部件应通过鉴定证明其在事故期间和发生后仍能保持其安全功能。

（1）安全壳内的 DBA

安全壳内高能管道破裂（HELB）会导致设备可能经受 γ 和 β 射线辐射剂量增加、环境温度/压力增加、化学环境变化和淹没。

（2）安全壳外的 DBA

在安全壳外但距离高能量管道较近的设备，因为安全壳外的 HELB，此类设备也可能会承受严酷环境条件。在这种情形里，设备按设备所在位置或附近发生事件而引起的工况进行鉴定，并且要求设备在该工况下运行。

（3）DBA 后的环境工况

承受 DBA 的安全重要设备也应根据其 DBA 后的使命时间进行鉴定。设备鉴定和技术规格书中均提供了设备在事故后的使命时间。

3.1.4　老化

对设备老化效应的评价确定老化是否会对设备的可运行性造成重要的影响。老化的类型包括热、辐射、机械磨损和振动。如果老化满足以下所有的准则，那么说明该设备具有显著老化机理。

（1）在正常的使用环境里，老化机理加速了与异常或设计基准事故工况导致的相同失效模式。

（2）老化机理对设备按规格书要求执行其安全功能的能力产生不利影响。

（3）由于老化机理引起的劣化并不适用于在役检查或监测活动的评价。这些评价在监测间隙根据规格书要求给出设备实现其功能的可信度。

（4）在正常使用环境里，老化机理引起了设备在设计寿期内的劣化，该劣化比设计基准工况引起的劣化显著。

3.1.5 裕量

鉴定试验应包括证实试验存在足够的裕量，包括在设计基准工况试验参数和地震试验中使用的裕量。表 3-1 给出了鉴定试验时推荐的裕量值。

表 3-1 鉴定试验裕度推荐

参数	裕度	注释
温度	+8 ℃	峰值温度
压力	+10%	峰值气压曲线 注：温度和压力裕度必须考虑其饱和蒸汽相关性。
总辐照剂量	+10%	事故辐照剂量
电气特性	±10% ±5%	电源电压-裕度增加必须在设备设计限值范围内 工频频率
设备运行时间	+10%	事故开始时设备需要运行的持续时间
地震	+10%	设备安装位置要求的地震加速度

3.1.6 抗震鉴定

核电厂中安全重要设备是抗震Ⅰ类，并且在安全停堆地震（SSE）过程中和发生后要求保持结构的完整性和满足指定的安全功能要求。

为了解决由发生前的小地震引起的低周疲劳影响，一般核电厂设计使用 1/2 SSE 加速度地震烈度。这些小规模地震在 IEEE 344—1987 中对应于运行基准地震（OBE）。

不要求连续功能，但其失效后会使安全重要抗震Ⅰ类设备的功能降低到不可接受水平的非安全级设备，此类设备应能在安全停堆地震事件中保持结构的完整性以防止抗震Ⅰ类设备失效。此类设备为抗震Ⅱ类。

3.2　应急柴油发电机的性能要求

3.2.1　基本要求

（1）柴油发电机的额定功率应通过计算极限工况下的最大负载需求后确定。

（2）至少应考虑以下失去厂外电源（LOOP）的工况：

1）LOOP 并转为热停堆模式；

2）LOOP 并转为冷停堆模式；

3）LOOP 与 LOCA（大破口与小破口）同时发生；

4）LOOP 与压水堆电厂安全壳中蒸汽管线破口（SLB）同时发生。

（3）每台柴油发电机组的连续额定功率应根据其最恶劣工况下的满足其所供电安全序列的安全系统负荷启动以及稳态运行来确定，应大于任何工况下由该装置供电的所有安全负载之和。连续额定功率应留有足够裕度来允许电厂将可能的负荷增加，通常裕度考虑 10%～15%。

（4）柴油发电机组应具备在设计基准要求的时间周期内持续运行且无需停机维护的能力，且应具备在 24 小时内以短时额定功率（110%额定功率）持续运行 2 小时的能力。

（5）柴油发电机的设计应能够在以下情况下自动启动：

1）应急电源母线失电压；

2）专设安全系统或设备发出启动信号。

（6）柴油发电机组还应设计有手动启动功能：

1）从主控室手动启动；

2）从就地控制柜手动启动；

3）通过机械操作手段手动启动。

（7）柴油发电机组应配置可用于定期试验的慢启动装置。

（8）具有重新连接到厂外电源并手动停运柴油发电机组的能力。

（9）设备制造商应提供针对核电厂运行工况的柴油发电机组的运行维护手册，以及所有供应设备的全套图纸和零部件清单等文件。

3.2.2 整体设计

（1）柴油发电机组应为单柴油机型，即发电机是由一台柴油机来驱动，每台柴油发电机组安装在互相分隔的厂房里。

（2）柴油发电机组主要部件的设计使用寿命不少于 40 年，且至少可以启动 4 000 次（国内二代核电厂常规要求，三代能动核电厂要求则更加严苛）。

（3）燃油高压油泵和喷油器之间的高压油管应设有保护措施，以防止燃油管道破裂引起燃油喷射。

（4）柴油机上的漏油应设有收集装置，并排放到一密闭容器内储存。

3.2.3 稳态运行

（1）柴油发电机组的启动应仅需要直流电源为与柴油发电机组相关的继电器或驱动装置供电。

（2）柴油发电机组接收到启动信号后达到额定频率和额定电压的时间，应少于与严重事故工况下第一台辅助设备启动所需的时间。

（3）柴油发电机组应能在不影响后续满负荷或部分负荷下的运行性能的情况下至少空载运行两个小时；

（4）柴油发电机组在稳态运行期间，发电机的输出功率应介于 0～额定功率，对应的功率因数应在 0.8～1。

（5）每个机组的额定功率应基于连续满负荷运行的持续时间，且应保守地超过无厂外电源的最坏情况下停机或 LOCA 事件的最大可信持续时间；

（6）柴油发电机组的空载电压整定范围偏差为额定电压的±10%。

（7）如果失去厂外电源，柴油发电机组应具备启动并同时按程序依次顺序带载的能力。顺序加载是避免柴油机组过载的必要条件，也是必须要求具备的能力。

（8）在程序加载过程中，频率和电压降以及恢复时间应保持在电厂设计要求的范围内。

1）频率不低于额定频率的 95%；

2）电压不低于额定电压的 80%；

3）在加载程序时间间隔的 60%的时间内，频率应恢复到额定值的 98%，电压应恢复到额定值的 90%。

（9）甩掉短时额定功率（110%额定功率）的负载，柴油发电机组的转速不得超过额定转速加上额定转速与超速跳闸设定值之差的 75%，或额定转速的 15%（以较低者为准）。

（10）柴油发电机组应具备可根据运行状态变化在无差调节和有差调节之间做到平稳切换，切换过程柴油发电机组应可以保持稳定运行。

（11）柴油发电机组应具备在执行同期并网试验时预加载功能，以防止逆功率保护；

（12）除维护保养期间外，柴油发电机组应具备在其设计条件下随时能应急启动的能力。

（13）在应急工况下，仅投入少量必要的保护，其他的保护都被闭锁，仅发出报警；在非应急工况运行期间，所有保护应保持有效。

3.2.4　瞬态运行

（1）柴油发电机组发生超速故障时，转速不得超过额定转速的 115%；

（2）柴油发电机组应能在无外部冷却水或空气供应下，起动后空载至少 3 分钟，正常运行时满负荷至少 1 分钟。

3.2.5　发电机

（1）发电机中性点不接地。

（2）发电机散热方式为风冷、自通风形式，发电机的设计应方便空气的自由流通以及发电机的散热。

（3）发电机应配置电加热器，以防止停机时内部结露。发电机运转时，电加热器停机工作。

（4）在不需要进行拆卸等大的操作的前提下，发电机应能方便地对轴承进行检查，每个轴承上应安装监测轴承巴氏合金热点温度的装置，温度监测装置的安装、连接和取出应不需要拆下轴承。

（5）发电机应具有承受以下故障的能力：由外部故障引起的发电机端子处设计要求的短时间内的三相或两相短路；

1）在 1.2 倍额定转速下短时间超速运行；

2）频率约 50 Hz 的过电压；

3）设计要求的电网过电压；

4）有限次数的非同期并网。

3.2.6 辅助系统要求

（1）每套柴油发电机组应配备完全独立的必要的子系统，包括燃油系统、润滑油系统、冷却水系统、进排气系统、压缩空气启动系统和电气系统。

（2）燃油系统、压缩空气启动系统，润滑油系统和进排气系统的重要部分，以及上述系统的结构，应避免受到暴风雨、洪水、爆炸的影响。

（3）燃油、冷却水、润滑油、进气和压缩空气启动系统在设计基准事件工况下及之后应保持功能正常。

（4）燃油、冷却水、润滑油、进气和压缩空气启动系统以及电气系统的设计应允许对相关设备和结构进行定期检查，并可进行定期试验。

3.3 应急柴油发电机的鉴定试验要求

我国应急柴油发电机的鉴定普遍依据由 IEEE 387 转化而来的 EJ/T 625《核电厂备用电源用柴油发电机组准则》执行。该标准对于核电厂应急柴油发电机的鉴定、出厂试验、调试试验以及定期试验均有详细描述，本节将主要论述我国应急柴油发电机鉴定试验的基本要求。

作为备用电源的应急柴油发电机组应进行核级鉴定试验，以证明该机组在所有预期的环境条件下均能执行其安全功能的要求。鉴定应按 3.3.1 的要求通过对没有老化的设备进行型式试验、分析或两者的结合，以及按 3.3.2 的要求通过任何老化或抗震试验之后的功能试验来实现对机组的鉴定。所有鉴定应按书面计划完成。试验计划应规定要求完成的分析和试验、在试验期间要监测的参数、试验仪表和设备的验收准则。

3.3.1 初始型式试验

没有作为核电厂备用电源进行过型式试验的柴油发电机组，应服从型式试验大纲的要求，其中包括负载能力、启动和加载及裕度试验。这些试验最好是在柴油机制造厂或组装厂完成。但如果现场为测量和记录提供通常在工厂试验条件下要测量的相同功能和特性经过标定的仪表，则这些试验也可以在现场进行。

型式试验可以在一台或更多的机组上完成，对一台机组的鉴定可以证明工作在相同或较好条件下同型号的类似机组合格。如果启动和加载试验是在几台相同的机组上完成的，这几台机组就应分别进行负载能力试验和裕度试验。型式试验应在成功地完成出厂试验之后进行。成功地完成这些型式试验后，应按制造厂的标准程序对设备进行检查，检查结果应形成文件。

（1）负载能力试验

这些试验是为了证明柴油发电机组在额定功率因素下承载下述额定负载运行指定时间的能力和成功地甩掉负载的能力。一项成功的完整的试验程序应满足这一特定要求。

1）负载应等于持续额定功率并且运行时间达到柴油机温度平衡时间；

2）在 1）的负载试验后，应立即施加短时额定负载运行 2 小时和施加持续额定负载运行 22 小时；

3）应进行甩掉短时额定负载试验。如果甩负载试验引起柴油机转速的增加不超过其额定转速与超速保护限定值之差的 75%和额定转速 15%之间的较小值，则认为甩负载试验是可接受的；

4）应通过试验证明柴油发电机组的轻载或空载运行能力。继轻载或空载运行后应施加大于或等于额定功率 50%的应用负载最少运行 0.5 小时。

（2）启动和加载试验

为确定柴油发电机组在满足核电厂设计要求的时间间隔内启动和承受负载的能力，应进行一系列试验。业内普遍接受的启动和加载试验方法如下：

进行 100 次有效的启动和加载试验而不发生故障。若机组未能成功地完成这一系列试验，则要求检查系统设计的合适性，排除故障的起因后继续试验，直到完成 100 次有效的启动和加载试验而不发生故障。启动和加载试验应按下述方法进行：

1）柴油机应在接到启动信号时启动，而且在要求的时间间隔内柴油发电机组应加速到规定的电压和频率；

2）完成 1）之后，柴油发电机组应立即接受一个等于或大于持续额定功率 50%的阶跃负载。负载可以完全是电阻负载或电阻和电感负载的组合；

3）至少应有 90 次试验是在柴油发电机组暖机备用状态下进行，此时缸套水温和润滑油温等于或低于柴油机制造厂的推荐值。加载后柴油发电机组应连续运行，直到缸套水温和润滑油温达到柴油机在相应负载下正常运行温度±5.5 ℃范围内；

4）至少应有 10 次试验是在柴油机起始处于正常运行平衡温度的状态下进行，平衡温度是指缸套水温和润滑油温在柴油机制造厂为相应的负载规定的正常运行温度±5.5 ℃范围内；

5）如果按上述程序进行启动和加载试验时发生故障的原因能够归于下列任何一种情况，可以不考虑这次特定试验，在找出和改正试验故障原因的条件下，恢复试验程序而无须增加试验次数：

① 确实可以归因于操作员错误的未成功的启动试验。这些错误包括在特定的启动试验之前，粗心地改变了诸如可调整的控制开关、可调电阻、电位器或其他调节装置的设定值；

② 为验证在这一系列试验期间需要的例行维修程序所进行的试验。这一维修程序应在进行启动和加载试验之前确定并成为机组安装后正常维修计划的一部分；

③ 在排除故障过程中进行的试验。在排除故障过程中进行的每次启动试验应与在进行启动试验之前一样予以确定；

④ 有意终止的不加负载的成功的启动试验；

⑤ 任何临时性服务系统的故障，例如那些非永久性设备组成部分的直流电源、输出电路断路器、负载、接管、导线和其他任何临时性装置。

（3）裕度试验

为证明柴油发电机组具有启动和承受高于电厂设计负载分布图中最严重的阶跃负载（包括在基本负载上的阶跃变化）的能力，应进行裕度试验。对于由设计负载分布图定义的超过基本负载的极限情况的阶跃变化应进行证明。尽管不必考虑最大的阶跃变化，但比柴油发电机组满负载容量较小的阶跃变化是有可能达到的。这些试验可以与负载能力试验或启动和加载试验结合在一起进行。不管是用相同的负载方案还是不同的负载方案，这种裕度试验至少要进行两次。足够的裕度试验负载至少要比负载分布图中最严重的阶跃负载大 10%，此时记录的频率和电压偏差值可能超过电厂设计负载所规定的值。裕度试验准则如下：

1）证明发电机和励磁系统能接受裕度试验负载（通常对泵电动机来说是低功率因数、高冲击启动电流）而不会出现导致发电机电压崩溃的不稳定现象，或出现不能恢复电压的明显迹象；

2）当承受裕度试验负载时，证明柴油机有足够的转矩来防止柴油机失速并能使自身的转速恢复。

3.3.2 老化

（1）部件分级

应急柴油发电机组部件的范围如图 3-1 所示，其中的部件应分属于下面两类：

1）所需的部件应用于柴油发电机组执行其安全功能。这些部件要求把老化考虑为共因故障的潜在因素。例如可以包括调速器、发电机、电缆、励磁系统、柴油机、启动空气电磁阀和为防止因泄漏而降低机组性能所采用的垫圈和密封；

2）不要求执行安全有关功能的部件。对于这些安全无关部件，要求验证其失效不会降低柴油发电机组与安全有关的功能，这可以通过试验或分析来实现。例如发电机电阻温度计、中性点接地装置、空间加热器、启动用空气压缩机和驱动装置、保温加热器和泵，以及故障后不会降低机组性能的垫圈和密封。

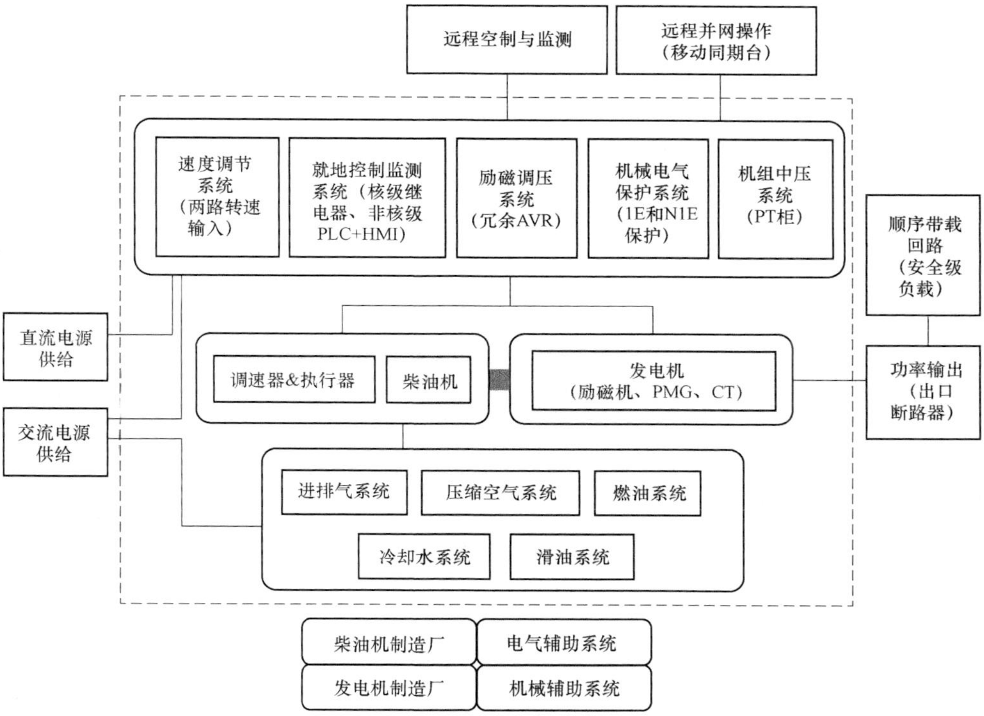

图 3-1　柴油发电机组部件范围

（2）老化分类

应对部件分级 1）中确定的与安全相关的部件进行进一步分类，以确定与老化相关的故障的可能性。表 3-2 中说明了此种分类格式。

失效机理与老化没有显著关系的部件可以不予考虑。例如在柴油机基体中使用的铸铁在整个正常的核电厂服役寿期内不存在潜在的与老化有关的失效机理。

分类后，失效机理与老化有潜在关系且影响应急柴油发电机组在核电厂各种工况下执行安全功能的部件应通过试验（较好的方法）、分析或试验和分析结合来鉴定。综合确定的合格寿命小于总体合格寿命目标的部件，应在规定的间隔内维修或更换。若确定对部件采用老化试验，则应在试验后对该部件进行抗震鉴定。

表 3-2　部件老化分类格式

部件	失效机理与老化有关的物项	老化鉴定方法	失效机理与老化无关的物项
列出指定部件，例如： 发电机 电动机 发动机 泵 控制屏 调速器 电磁阀 阀门 励磁系统 断路器	列出失效机理与老化有关的部件内的所有物项或材料，例如： 垫圈 绝缘 轴承	列出使用的方法例如： 加速老化 定期更换 分析	列出失效机理与老化无关的部件内的所有物项或材料，例如： 金属部件 陶瓷部件

3.3.3　抗震鉴定要求

应急柴油发电机作为核电厂的大型设备，体积较大，并无相适应的地震试验台架执行抗震试验。因此核电业界普遍采用抗地震计算的方式以验证应急柴油发电机抗震性能，机组抗地震计算一般按以下步骤进行：

（1）将机组作为一个整体，根据当地地震响应谱计算地震通过隔振器对机组的响应，如图 3-2 所示。

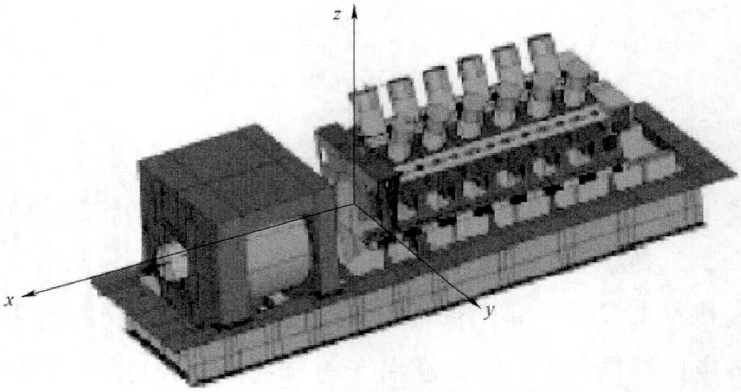

图 3-2　应急柴油发电机隔振计算坐标系

（2）建立柴油机、发电机、公共底座数学模型。

（3）根据已计算的机组响应，利用有限元对柴油机、发电机进行受力分析，如图 3-3 所示。

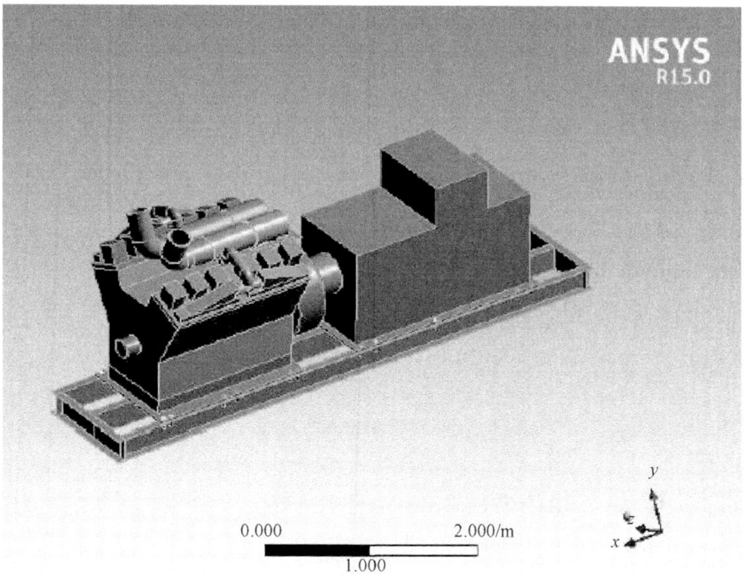

图 3-3　柴油发电机组的有限元模型

机组抗地震分析主要分为三部分，第一部分将柴油机、发电机、公共底座作为一个整体，分析机组在地震发生时，机组对地震反应波的响应情况，同时计算机组在弹性安装时，机组的自由震动频率，根据机组对地震波的反应以及机器运行时状态，计算柴油机上一些悬挂部件的应力，如增压器支架，空冷器支架等；第二部分主要是对柴油机的管系进行自振频率分析以及在地震响应及机组运行状态下的受力分析；第三部分是对柴油机一些零部件进行等效应力分析。

3.4　应急柴油发电机鉴定大纲示例

本试验大纲是为确保某核电厂应急柴油发电机组达到合同技术规格书中所规定的各项要求，顺利完成在工厂进行的型式鉴定试验，验证机组是否能够满足 EJ/T 625《核电厂备用电源用柴油发电机组准则》。本节内容可用于指导柴油发电机组的鉴定试验。试验包括常规试验和型式试验（抗震分析未包含在其中）。

3.4.1　常规试验

（1）机组的外观质量检查

试验要求：

1）机组布置符合图纸要求，设备铭牌标识正确；

2）底座紧固件无松动；

3）发电机接地良好；

4）系统管系连接正确；

5）管路紧固件无松动（无液体渗出）；

6）各系统滑油静态液位正常；

7）各系统阀门开关位置正确；

8）柜内接地端子接地良好；

（2）绝缘电阻测量

试验方法：

机组在开机前和停机后检查发电机绕组的绝缘电阻。

试验要求：

在测量发电机定子绝缘电阻时，在电压相线与地线之间施加一个 1 000 VDC 的外部电压。绝缘电阻测量值应大于 1 000 MΩ。

（3）启动性能检查

试验方法：

机组在备用状态下，连续进行 5 次启动试验。记录启动所需时间和空气瓶压力的变化。

试验要求：柴油机在两套独立的压缩空气启动系统分别作用下（每套系统中空气瓶的容量为 3 m^3/38 bar），各具有至少连续 5 次启动机组的能力。

机组在接到启动信号后应在规定时间内达到额定电压和频率。

（4）相序检查

试验方法：

用相序表检查发电机出线的正确性。

试验要求：

检查结果应与发电机输出标识相符。

（5）控制屏及配电屏指示装置的功能检查

试验方法：

检查控制屏和配电屏上的操作元件、按钮和指示装置及相应的功能。

试验要求：

操作灵活，指示装置工作良好，各项功能符合设计要求无异常现象。

（6）空载整定电压范围检查

试验方法：

机组转速升到额定转速，调整电压整定开关，分别记录最大和最小的电压数值

试验要求：

电压的变化应满足在90%～110%额定电压范围内变化。

（7）保护装置动作可靠性检查

1）柴油机滑油进机压力过低保护停机试验

试验方法：

当机组在额定转速（空载）下各运行参数正常，用压力测试专用工具调整滑油压力，使其逐渐降低至保护设定值，机组保护装置动作。

试验要求：

当柴油机在滑油进机压力低于4.5 bar时柴油机应自动停机。

2）柴油机高温水出机温度过高保护停机试验（模拟输出高温水温度）

试验方法：启动柴油机，在怠速空载时，用温度标校仪设定温度至105 ℃。

试验要求：

柴油机在高温水出机温度高于105 ℃时应自动停机。

3）柴油机超速保护停机试验

试验方法：

启动柴油机，打开半速试验开关，使柴油机在空载情况下逐步提高转速直至超速保护装置动作，

机组应保护停机。

试验要求：

当柴油机运转到额定转速的110%与112%附近时超速保护装置动作，柴油机自动停机。（转速为半速）

（8）稳态电压偏差和频率降测量

试验方法：

把功率因数为0.8（滞后）的三相对称负载，在额定转速下由空载逐级加载至额定负载的25%、50%、75%、90%、100%，再将负载按此等级由100%逐级减至空载。负荷变化过程不应改变调速设置，记录相关数据。

试验要求：

稳态电压偏差应不大于±2.5%。

频率降不超过5%。

记录：

空载整定电压、空载频率，各级负载变化后的稳定电压、稳定频率；有功功率、电流和功率因数；环境温度、空气相对湿度、大气压力。

（9）瞬态电压和频率偏差及恢复时间测量

试验方法：

由空载加功率因数为 0.8（滞后）的 36%额定负载，电压稳定后突卸此负载。

试验要求：

瞬态电压偏差：−20%～20%；

电压恢复时间：≤3 秒；瞬态频率偏差：±10%；

频率恢复时间：≤3 秒。

注：试验时相对频率容差带按照 2%考虑，电压容差带按照 330 V 考虑。

记录：

负载突变时的瞬时电压和瞬时频率的最大值、最小值及其稳定时间、环境温度、相对湿度、大气压力。

（10）电压调制和稳态频率带测量

试验方法：

把功率因数为 0.8（滞后）的三相对称负载，由空载逐级加载至额定负载的 25%、50%、75%、90%、100%，记录电压和频率变化，每一工况稳定 2～3 分钟。

试验要求：

电压调制：≤1%

稳态频率带：≤1.5%

记录：

环境温度、空气相对湿度、大气压力、空载和各级负载状态下电压和频率波动后的最大值和最小值（观测时间约 1 分钟）；功率、电流、和功率因数的稳定值。

（11）额定工况下的连续运行试验

试验方法：

机组在备用状态下正常启动后，按额定功率的 0%—25%—50%—75%—90%—100%—110%的比例逐渐增加负载。空载下运行 5 分钟，25%额定功率下运行 1 小时，50%、75%、90%额定功率下各运行 30 分钟，100%额定功率下连续运行 4 小时，110%额定功率下运行 30 分钟，然后突卸 110%负荷。100%工况下每小时记录一次柴油机和发电机的各项参数，其余工况各记录一次。

试验要求：

100%额定功率下柴油机和发电机的各项参数应在机组的主要技术参数和性能要求的规定范围内。

（12）燃油和滑油消耗率测量

1）燃油油耗测量

试验方法：用流量计分别测量机组在 0%、25%、50%、75%、90%、100%和 110%额定功率下的油耗。

试验要求：

100%额定功率下≤195 g /（kW • h）。

2）滑油耗测量

试验方法：

在机组进行负载性能试验时用累积法测量滑油消耗量。

试验要求：

100%额定功率下≤8.88 kg/h。

（13）线电压波形正弦性畸变率测量

试验方法：

在空载额定电压、额定功率下记录畸变率测量值

试验要求：

机组在空载额定电压时的线电压波形正弦性畸变率应小于 5%。

3.4.2　型式试验

（1）扭振及振动测量

1）振动测量

试验方法：

机组在 0%、25%、50%、75%、100%、110%额定负荷时，测定机组各点三个方向上速度的有效值。

试验要求：

柴油机振动速度有效值小于 45 mm/s，发电机振动速度有效值小于 20 mm/s。

2）扭振测量

试验方法：

用扭振测试仪对机组的轴系进行测试，测试工况为 0%、25%、50%、75%、100%、110%额定工况。

试验要求：机组在 0%～110%工况范围中曲轴应力必须小于 49 MPa。

（2）噪声测量

试验方法：

机组在整定于额定转速后，分别测定其在 50%、100%和零负荷时的噪声，可结合负荷试验进行。柴油机在额定工况下运行，用精密声级计在距离被测点 1m 处测量柴油机

各点的噪声值。噪声测量的方法参照标准 ISO 3744—1996《声学—噪声源声功率级测定》。

试验要求：

每个测点应重复测量三次，每次测量结果之差应不大于 2 dB，记录环境温度、温度、大气压力、日期，各测点声压级 LP（A），背景声压级。噪声值应不大于 113 dB。

（3）排气烟度测量

试验方法：

用波许烟度计测量机组在 0%、25%、50%、75%、100%、110%额定工况时的柴油机的排气烟度值。

测量位置：在排气总管上任意位置上进行测量。

试验要求：

机组在额定工况时的烟度值应小于 1.5 波许。

（4）负载试验

试验方法：

1）机组带上额定功率运行至柴油机热平衡温度；

2）100%额定功率运行 22 小时，随即带短时功率（110%额定功率）运行 2 小时。机组每隔 1 小时记录一次机组各主要性能参数；

3）增加负荷至 110%运行后突卸此负载（甩负荷试验），记录性能参数变化；

4）带 30%轻载运行 2 小时，然后施加至少 50%额定功率并至少运行 0.5 小时，观察性能参数有否变化（对比快速启动后突加 50%负载的性能参数）；各记录一次机组在 30%轻载和 50%额定功率下稳态的各主要性能参数；

5）逐步卸载，最后停车。

试验要求：

1）机组在 100%额定功率下达到稳定的热平衡温度后的性能参数应满足要求。

2）22 小时 100%额定功率下连续试验过程中不允许出现由于柴油机或发电机的故障而导致的停车。

3）机组在 110%的额定负载运行时无异常现象（如：励磁故障、电气保护等），突卸后的转速≤654 r/min；

4）2 小时 30%轻载和 0.5 小时 50%负载下运行时机组的各项性能参数应稳定。

5）由于其他原因导致的停车，在 0.5 小时内可以恢复带载的，试验继续进行。

（5）启动及带载可靠性试验

根据 EJ/T 625 的要求，该试验共作 100 次，包括 90 次备用状态和 10 次热机状态下的试验。

试验方法：

1）备用状态

① 备机状态下快速启动，15 秒内达到额定转速和频率；

② 随后突加 50%额定负载（阻性或阻性与感性结合），当滑油温度和高温水温度分别达到热平衡温度后运行 10 分钟，记录机组参数。

③ 突卸负荷停机（甩负荷），待到备机状态下再次启动，共做 90 次。

2）热机状态

① 热机状态下快速启动，15 秒内达到额定转速和频率；

② 随后突加 50%额定负载（阻性或阻性与感性结合），当滑油温度和高温水温度分别达到热平衡温度后运行 10 分钟，记录机组参数。

③ 突卸负荷停机（甩负荷），在热机状态下再次启动，共做 10 次。

试验要求：

① 100 次的快速启动试验不允许有一次失败，每次试验中机组在接到启动信号后，应在技术规格书要求的时间内达到电压和频率的额定值。

② 记录各参数。

③ 由于操作失误或工艺设备故障导致机组启动失败，本次不影响启动可靠性试验。

（6）裕度试验

本试验旨在验证机组具有启动和承受高于项目设计载荷最严重的阶跃负载（包括在基本负载上的阶跃变化）的能力。该试验共进行 2 次，可在相同或不同的负载下进行。

试验方法：

按照机组的加载程序要求，确定对机组冲击最大的加载时序负荷，并进行裕度试验。以某三代核电厂柴油发电机加载时序为例，0 秒与 10 秒为对机组冲击最大的负荷，因此试验负荷为：

0 秒时的加载负荷为 2 482.2 kW，$2\,482.2 \times 1.1 = 2\,730.42$ kW≈2 730 kW，功率因数为 0.5。

10 秒时的加载负荷为 1 749 kW，$1\,749 \times 1.1 = 1\,923.9$ kW≈1 920 kW，功率因数为 0.4。

1）第一次试验机组从空载开始突加 2 730 kW 载荷，功率因数为 0.5；

2）记录和监控整个操作过程；

3）机组逐渐加载至 3 340 kW；

4）再次突加 1 920 kW 载荷，功率因数为 0.4；

5）记录和监控整个操作过程。

试验要求：

试验需证明发电机和励磁系统能接受裕度试验负载（通常对泵电动机来说是低功率

因数、高冲击启动电流）而不会出现导致发电机电压崩溃的不稳定现象，或出现不能恢复电压的明显迹象。

机组应能承受裕度试验而不发生失速和失压。

3.4.3 验收依据

1）各项试验凡符合相应各项要求的均为合格项。

2）在进行 100 次快速启动和加载试验中，若某次试验失败经原因分析是由于试验台设备故障、人员操作失误、临时使用的设备或数据显示故障等原因引起的，该次试验前所做的试验仍然有效，试验从该次试验起仍可继续往下进行。若某次试验失败经原因分析是由于机组本体设备故障所致，该项试验以前所做的次数作废，该项试验应从头开始。

3.4.4 试验后的检查

检查项目：

（1）检查测量各缸曲臂差（冷机、热机状态下的）；

（2）用气缸内窥镜检查全部缸套内表面状况；

（3）抽检的两个缸的喷油器作起喷压力和雾化试验；

（4）检查定时齿轮和凸轮轴齿轮工作面；

（5）目视检查凸轮轴上各凸轮及滚轮工作面状况；

（6）检查发电机风扇叶轮。

检查要求：

（1）输出端第一挡曲臂差：竖直曲臂差应在 -0.08 mm～0 mm。其余格挡曲臂差：水平曲臂差应在 -0.06～+0.06 mm、竖直曲臂差应在 -0.06～0.06 mm；相邻两挡之间的曲臂差差值的绝对值≤0.06 mm。

（2）缸套内表面无划痕。

（3）喷油器起喷压力和雾化正常。

（4）定时齿轮和凸轮轴齿轮工作面无明显磨损现象。

（5）凸轮轴上各凸轮及滚轮工作面状态无明显划痕及磨损现象。

（6）发动机风扇叶轮无划伤，转动正常，无异常噪声。

第四章

应急柴油发电机组制造及出厂试验

4.1 我国制造许可制度

民用核安全设备是指在民用核设施中使用的执行核安全功能的设备，包括核安全机械设备和核安全电气设备。

在我国，核安全设备的制造活动采取许可证（含注册登记）制度管理。2008 年 1 月 1 日《民用核安全设备监督管理条例》（国务院 500 号令）和 2018 年 1 月 1 日颁布的《中华人民共和国核安全法》均规定为民用核设施提供核安全设备制造的单位，应当向国务院核安全监督管理部门申请许可。境外机构为境内核设施提供核安全设备制造的，应当向国务院核安全监督管理部门申请注册。

被纳入到监管目录内的核安全设备制造活动均应按照我国的国家法律法规、条例及有关文件取得相关许可后，方可采用适用的标准规范体系来指导活动的具体实施。民用核安全设备许可申请是在符合《中华人民共和国核安全法》的前提下，主要依据《民用核安全设备监督管理条例》及其配套规章、《核电厂质量保证安全规定》（HAF 003）及其相关导则和国家核安全局发布的其他管理规定开展设计制造安装活动（见表 4-1）。

表 4-1 主要法规及配套规章

序号	名称
1	《中华人民共和国核安全法》
2	《民用核安全设备监督管理条例》
3	《核电厂质量保证安全规定》（HAF 003）
4	《民用核安全设备设计制造安装和无损检验监督管理规定》（HAF 601）
5	《民用核安全设备无损检验人员资格管理规定》（HAF 602）
6	《民用核安全设备焊接人员资格管理规定》（HAF 603）
7	《进口民用核安全设备监督管理规定》（HAF 604）

续表

序号	名称
8	《核安全导则 HAD 601/01—2013 民用核安全机械设 备模拟件制作（试行）》
9	《核安全导则 HAD 601/02-2013 民用核安全设备安装 许可证申请单位技术条件（试行）》
10	《民用核安全设备目录（2016 年修订）》
11	《关于进一步明确〈民用核安全设备监督管理条例〉及 其配套规章有关要求的通知》（国核安发〔2010〕156 号）

目前，需要申请许可证的民用核安全设备仅限于《民用核安全设备目录（2016 年修订）》中规定的 19 类机械设备、9 类电气设备和 5 类后处理设备，民用核安全设备目录内设备纳入核安全监管体系。监管活动是对核安全设备活动资格的审批（准入）以及对核安全设备活动过程和结果的监督检查。国家核安全监管部门根据相关的条例和法规要求，对潜在的核安全设备活动单位的资格进行鉴定，并对经审批合格单位的活动进行监督，从而使符合核电功能要求的产品用于核电厂为核安全提供重要保障。

4.2 我国柴油发电机组的制造许可现状和监管形式

应急柴油发电机组作为重要的核安全电气设备于 2008 年被纳入《民用核安全设备目录》，实施许可证制度管理；此后国家核安全局通过国核安发〔2012〕106 号文和国核安发〔2020〕67 号文对机组的监管进行细化。

国内的陕西柴油机重工有限公司、沪东重机有限公司和山西北方安特发动机有限责任公司均通过国家核安全局审查取得了核级应急柴油发电机组设计或制造活动许可证；法国阿尔斯通、法国 MAN 和德国 MTU 等国外企业取得了相应的境外单位注册登记确认；通过制造单位、营运单位和国家核安全监督管理部门的研制开发、质量管控和监督管理，国内的核电厂应急柴油机组的设计及制造模式由与国外联合设计及制造逐步实现国产化；现阶段，在建核电厂和其他民用核设施的应急柴油发电机组均由国内持证单位自主设计和制造。

应急柴油发电机组制造许可的一个重要条件是，拟取证单位按照《核电厂质量保证安全规定》（HAF 003）根据自身生产流程或工艺过程特点建立与实施民用核安全设备质量保证体系，通过模拟件制造活动对体系的运转进行验证。

取得许可证并正式实施制造活动，持证单位需按照 HAF 003 及项目上游文件包括业主及工程公司的质量体系文件及项目专用程序文件的要求编制质量保证大纲并向国家核安全局备案。核质保体系包括设备设计和制造的活动策划、组织机构构建、程序文件制定、程序实施、监控和检查、实施评价和改进。

对应急柴油发电机组的监督按照《核安全法》相应规定，由核设施营运单位和国家核安全监管机构实施。通过设备制造过程质量管理体系和设备制造过程技术环节监督相结合方式进行。

4.3 应急柴油发电机组制造标准

应急柴油发电机组作为复杂的小型电厂系统，辅助系统核安全级部件较多，涉及机械、电气、仪表和控制等专业；因技术来源的不同，相关设备制造过程所使用的标准也不统一，柴油机主体的制造主要采用专利方企业标准，机械辅助系统核级设备多使用RCC-M和ASME等核电标准；而发电机和控制系统等采用IEC、IEEE和RCC-E等国际电气行业标准或准则，随着机组制造活动的自主化，GB/T或NB/T等国家或行业标准也开始大量使用。应制造活动部分主要参考标准如表4-2所示。

表4-2 应急柴油发电机组主要制造标准

序号	名称
1	RCC-E 压水堆核电厂电气设备设计和建造规范
2	RCC-M 压水堆核电厂机械部件设计和建造规范
3	IEEE 387 核电厂备用电源用柴油发电机组准则
4	KTA 3702 核电厂应急电源柴油发电机组
5	IEC 60780 核电厂安全系统电气设备的鉴定
6	IEC 60980 核电厂安全系统的电气设备抗震鉴定的推荐做法
7	ISO 3046/Ⅰ-Ⅳ 往复式内燃机-交流发电机组
8	ISO 8528 往复式内燃机-交流发电机组
9	IEC 60034 旋转电机
10	IEC 60060 高压试验技术
11	IEC 60185 电流互感器
12	IEC 60186 电压互感器
13	IEC 60298 额定电压为1～52 kV的交流金属封闭式开关柜和控制柜
14	IEC 60439-1 低压开关柜和控制柜组件的型式试验
15	IEC 60780 核电厂安全系统电气设备的鉴定
16	IEC 60947 低压开关柜和控制柜
17	IEC 60980 核电厂安全系统的电气设备抗震鉴定的推荐做法
18	IEC 60255 电气继电器
19	ISO 3046 Ⅳ 发动机调速控制器
20	IAEA 50-SG-D8 核电厂安全相关的仪表和控制系统

4.4 机组重要部件及制造要点

4.4.1 柴油机（以 18PA6B 机型为例）

（1）柴油机重要部件

1）曲轴箱

整体曲轴箱是由高级球墨铸铁铸造，倒挂式主轴承盖通过主轴承螺栓连接到曲轴箱上，缸盖通过缸盖螺栓安装在曲轴箱上。防爆门安装在检查门上，防止曲轴箱压力过压。曲轴箱安装可拆卸的曲轴箱检查门，方便检查连杆、主轴承、凸轮轴、定时齿轮运行状况。

2）轴系

曲轴的毛坯是采用高级优质合金结构钢整体锻造的，安装在倒挂的主轴承上。平衡重通过螺栓安装在曲轴上。安装飞轮的法兰盘直接锻造。

3）主轴承

主轴承由两个部分薄壁瓦组成，轴瓦通过主轴承螺栓固定，主轴承可以非常容易地从曲轴箱检查。

4）扭振减震器

旋转振动通过减震器来削弱，减震器被安装在自由端，柴油机扭转振动通过摩擦及阻尼被削弱。

5）连杆

连杆是用合金钢进行模锻而成，直切口。由杆身和连杆大端盖组成，因此它们是配对的。连杆大端轴承为薄壁轴瓦。通过直径的方向上的凸唇限制轴瓦的平移和旋转，轴瓦是安装在连杆杆身和大端盖中的。

6）活塞和活塞环

活塞由锻钢活塞顶和铝质活塞裙两部分组成，活塞顶是滑油经过连杆和活塞销对其进行振荡冷却，滑油自由落入曲轴箱。活塞通过浮动活塞销安装在连杆上，活塞有顶环、压力环、刮油环。

7）缸套

缸套是顶部带凸缘的湿式缸套，安装在缸套内的火焰环用于防止活塞顶沉积物的产生，缸套内表面进行珩磨。

8）缸盖

单体带冷却腔的缸盖由铸铁铸造而成。进、排气阀座安装在缸盖底部。缸盖有进气阀和排气阀以及喷油器。

9）气阀驱动

挺柱和挺杆，挺柱由凸轮轴进排气凸轮驱动。摇臂和阀桥，气阀由挺杆通过摇臂和阀桥驱动。

10）燃油喷射系统

一个机带燃油泵，每缸安装一个单独的喷油泵，喷油泵采取单体设计。高压油管采用双层结构防止燃油泄漏。喷油泵的驱动，喷油泵采用喷油凸轮驱动。

11）起动空气分配器

当活塞在膨胀冲程上死点时，起动空气通过空气分配器控制安装在气缸盖上的起动阀将空气注入气缸推动活塞运动。

12）增压器支架

增压器支架安装在柴油机自由端。

13）涡轮增压器

增压器轴承是由柴油机滑油系统润滑。进气方式采用室内进气，增压器自带进气过滤及消音设备。

14）盘车装置

盘车采用可拆卸式盘车机构，盘车设计盘车联锁避免在柴油机检修期间误操作。

（2）柴油机零部件制造检查要点

1）机身

① 材料的化学成分、金相组织、机械性能；

② 铸件毛坯的缺陷检查；

③ 三大孔系的几何尺寸精度、形位公差；

④ 水压试验。

2）曲轴

① 钢锭的熔炼方式；

② 超声探伤检查；

③ 锻造方式；

④ 材料的化学成分、金相组织、机械性能；

⑤ 几何尺寸精度、形位公差、表面粗糙度；

⑥ 荧光磁粉探伤；

⑦ 动平衡。

3）气缸盖

① 材料的化学成分、金相组织、机械性能；

② 铸件毛坯的缺陷检查；

③ 气阀孔和燃烧室部位几何尺寸精度、形位公差；

④ 水压试验。

4）活塞

① 锻件毛坯的化学成分、金相组织、机械性能；

② 锻件毛坯的缺陷检查；

③ 活塞外圆柱面形线、环槽、活塞销孔等部位几何尺寸精度、形位公差、表面粗糙度；

④ 表面处理。

5）连杆

① 钢锭的熔炼方式；

② 超声探伤检查；

③ 锻造方式；

④ 锻件毛坯的缺陷检查、金属纤维流向检查、化学成分、金相组织、机械性能；

⑤ 全部几何尺寸精度、形位公差、表面喷丸；

⑥ 大小头称重。

6）气缸套

① 铸件毛坯的缺陷检查；

② 材料的化学成分、金相组织、机械性能；

③ 配合部位的尺寸精度、形位公差、内表面平顶网纹珩磨。

7）凸轮轴

① 材料超声波探伤；

② 锻造方式；

③ 几何尺寸、形位公差；

④ 凸轮形线表面处理；

⑤ 磁粉探伤。

8）油底壳（公共底座）

① 焊缝超声波探伤；

② 上下机加工面平直度检查。

9）输出端轴封

① 轴封的端面和内孔尺寸及形位公差。

（3）柴油机出厂试验

1）试验项目

柴油机试验也称柴油机交货试验，其试验项目需按照相关的技术规格书或采购规范确定；试验过程主要按照 ISO 3048 或 KTA 3702 及该类型柴油的维修说明书实施；其试验结果须满足经标准或测试大纲的相关要求。以 12PC26B 机型柴油机为例。试验主要包括以下项目。

① 磨合试验；

② 交货试验。

2）试验方法

① 磨合试验

（i）预加热：高温水出机温度＞45 ℃，滑油进机温度＞45 ℃。首次起动时，怠速 5 分钟后停车进行检查，检查主轴承、连杆轴承、缸套下部、凸轮和滚轮、凸轮轴轴 承、气阀和高压油泵传动机构等各运动件摩擦副之间有无不正常的发热现象和其他不正常的现象。检查未发现问题后起动柴油机按表 4-3 磨合试验程序进行磨合（必须实时监控以满足预期设定值），功率值根据机组不同而不同。

表 4-3 磨合试验程序

序号	转速/（r/min）	负荷/%	运行时间/min	累计时间/min	备注
1	300	0	20	20	
2	320	0	20	40	
3	330	5	20	60	
4	360	10	20	80	
5	390	15	20	100	
6	420	20	20	120	
7	450	25	20	140	记录全部参数
8	480	30	20	160	
9	510	35	20	180	
10	540	40	20	200	
11	570	45	20	220	
12	600	50	20	240	记录全部参数
13	600	54	20	260	
14	600	58	20	280	
15	600	63	20	300	
16	600	67	20	320	

续表

序号	转速/（r/min）	负荷/%	运行时间/min	累计时间/min	备注
17	600	71	20	340	
18	600	75	20	360	记录全部参数
19	600	79	20	380	
20	600	83	20	400	
21	600	88	20	420	
22	600	92	20	440	记录全部参数
23	600	96	20	460	
24	600	100	20		记录全部参数

磨合过程中，特别是在第 12 序转速达到 600 r/min，功率达到 4 320 kW 后，高、低温循环冷却水压力和燃油进机压力、滑油进机压力、滑油进增压器压力都需要达到额定工况参数值。

（ii）若磨合程序在前三分之一阶段期间中断，则重新磨合，磨合过的工况时间减半；若此磨合程序在经过三分之一阶段后中断，则在一小时内逐渐增加功率至停车前工况，再继续进行此磨合程序。

（iii）按表 4-3 进行磨合结束后，按表 4-4 程序进行加负荷运转，每个工况下记录一次全部参数。

表 4-4　加负荷试验程序

序号	转速/（r/min）	负荷/%	运行时间/min	累计时间/min	记录次数
1	600	25	20	20	1
2	600	50	20	40	1
3	600	75	20	60	1
4	600	90	20	80	1
5	600	100	30	110	1
6	600	110	20	130	1

（iv）热备状态双排起动三次，记录热机空载加速时间。热备状态为高温水出机温度＞45 ℃，滑油进机温度＞45 ℃，可在加负荷试验结束后，立即进行此项试验。

（v）80%额定转速下（480 r/min）空载运行时，进行超速停车试验（当柴油机转速达到 538 r/min 时，超速保护装置应起作用）。

（vi）停车检查，除按第 1 项检查外，还需检查：检查气阀间隙（进气 1 mm，排气 1.5 mm）；将各缸活塞盘到下死点位置，用内窥镜检查缸套表面磨合情况；拔出喷油器，检查喷油器起喷压力（喷油器的喷油压力为 35 MPa，起喷压力在 32 MPa 以上不必进行调整）。

② 交货试验

（i）柴油机进行交货试验前，检验部应向用户提供下列与交货验收有关的文件：加负荷试验记录；燃油、滑油和高温冷却水的检验分析报告；试车台设备、测试仪表等试验装置的合格证明。

（ii）交货试验前应检查安全保护装置的功能（参数的允许偏差符合标准 CB/T 3254.3—2013）：

（iii）在热机情况下，空气瓶初始压力为 3.0 MPa，双排起动柴油机三次，要求记录热机空载加速时间（速度从 0～300 r/min）及起动后起动空气瓶压力。热机状态指滑油温度和高温水均为热平衡状态，即柴油机在额定转速和额 定负荷下停机后启动柴油机；停车后可立即进行此项试验。

（iv）交货负荷试验：

柴油机在热备状态（滑油进机温度＞45 ℃，高温水出机温度＞45 ℃）空气瓶压力为 3.0 MPa，连续起动柴油机 3 次，转速达 300 r/min，记录环境温度、起动时间及启动前后空气压力。

调速器机械备用模式调速试验：柴油机起动后，在机旁手动调速，验证机械备用调速功能。按表 4-5 交货试验工况表运转，并记录全部参数。

表 4-5　交货试验工况

序号	负荷/%	转速/（r/min）	运行时间/min	记录次数
1	25	600	30	1
2	50	600	60	1
3	75	600	60	1
4	90	600	60	1
5	100	600	120	1 次/30 min
6	110	600	120	1 次/30 min

（v）完成表 4-5 的试验工况后，在 100%工况下进行突卸负荷试验，要求记录稳定时间及最大瞬时转速、稳定转速，并根据实测数值计算瞬态调速率 1 和稳态调速率。要求瞬态调速率≤10%，稳态调速率≤5%。

4.4.2　发电机

（1）发电机主要部件及检查要点

1）转子轴

转子轴锻件质量、强度、刚度、表面硬度、几何尺寸精度、位置尺寸精度等。

2）转子

① 转子绕组材料、绕组线圈制作、绝缘、嵌装等工序；

② 整流盘中的旋转二极管元件选型和元件筛选。

3）定子

定子铁芯和绕组的材质、铁芯的冲片、绕组线圈的绝缘、铁芯压紧、绕组线圈的嵌装等。

4）轴承

发电机驱动端和非驱动端滑动轴承的强制润滑系统的独立性。

5）励磁及电压调节装置

① 励磁及自动电压调节装置（AVR）的性能。

② 电子元器件的选型和筛选满足 1E 级发电机的一些特殊性能要求。

（2）发电机装配

1）转子与定子几何中心重合度要求；

2）转子与定子之间气隙均匀度要求；

3）轴承的径向间隙和轴向间隙要求；

4）轴承的绝缘安装要求；

5）轴系对中要求，根据联轴节的类型和设备之间的距离等因素，恰当地采取热补偿措施；

（3）发电机试验

试验项目需按照相关的技术规格书或采购规范确定；试验过程主要按照 GB/T 755 标准实施；其试验结果须满足经标准或测试大纲的相关要求。试验主要包括以下项目：

1）绕组对机壳及绕组间绝缘电阻测定；

2）绕组实际冷态下直流电阻测定；

3）匝间冲击耐电压试验；

4）发电机相序测定；

5）冷态电压整定范围测定；

6）冷态稳态电压调整率测定；

7）空载特性测定；

8）超速试验；

9）短时过电压、过电流试验；

10）励磁空载特性测定。

4.4.3　公共底座

（1）焊接；

（2）去应力退火；

（3）主要焊缝无损检测。

4.4.4　电气控制监测保护系统

（1）体尺寸及表面质量；

（2）元器件筛选；

（3）接线及柜内线缆布置；

（4）门限值设定；

（5）电气柜出厂试验。

4.4.5　机械辅助系统

（1）空压机（在规定的时间内以规定的压力充满规定的容积）；

（2）干燥机（通流量、干燥度、清洁度）；

（3）空气瓶（试验压力、安全阀开启压力值）；

（4）热交换器（热效率、被冷却介质进出口压差、冷却介质进出口压差、被冷却介质流量、冷却介质流量、被冷却介质腔试验压力、冷却介质腔试验压力）；

（5）过滤器（试验压力、额定流量、过滤精度、进出口压差、液压驱动功能）；

（6）温度控制器（设定温度区间控制口的开度、控制口满开度时的流量、工作压力和试验压力）。

1）泵类（电流、电压、流量、压力、压力调节阀功能）；

2）箱、罐类（工作压力和压力试验、液位信号）；

3）加热器（电流、电压、效率）；

4）排气消音器（消音效果、排气阻力）。

4.4.6　机组安装

（1）柴油机与发电机轴系间的同轴度控制；

（2）复查柴油机靠近输出端一档的曲臂差值。

4.4.7 机组试验

出厂试验项目的结果必须满足经民用核设施营运单位（或项目总承包的工程公司）和国务院核安全监管部门审查认可过的《试验大纲》的相关要求，具体的试验项目内容以《试验大纲》为准。以 12PC26B 为例，其试验项目如下。

（1）机组外观质量检查；

（2）绝缘电阻测量；

（3）机组启动性能试验；

（4）发电机相序检查；

（5）控制屏和配电屏指示装置的功能检查；

（6）空载整定电压范围检查

（7）机组保护装置动作可靠性检查；

（8）机组电压和频率稳态调整率测量；

（9）机组电压和频率瞬态调整率及恢复时间的测量；

（10）机组电压和频率波动率测量

（11）机组燃油消耗率测量；

（12）机组线电压波形正弦性畸变率测量；

（13）机组振动测量；

（14）机组噪声测量；

（15）机组负载试验（连续 2 小时 110%负荷+6 小时 100%负荷+突卸 110%负荷+空负荷或轻负荷试验）；

（16）机组启动及带载可靠性试验（10 次快速起动和带载试验，其中 7 次为机组备用状态，3 次为热机状态；起动时间不大于 10 秒，电压和频率的波动率应在规定的范围内；其成功率为 100%）。

4.5 出厂试验方法和试验要求（以 12PC26B 为例）

（1）机组的外观符合性检查

1）试验要求：

① 机组布置符合图纸要求；

② 底座紧固件无松动；

③ 发电机接地良好；

④ 系统管系连接正确；

⑤ 管路紧固件无松动（无液体渗出）；

⑥ 各系统滑油静态液位正常；

⑦ 各系统阀门开关位置正确；

⑧ 柜内接地端子接地良好。

（2）绝缘电阻测量

1）试验方法：分别测量冷态和热态下的绝缘电阻。

2）试验要求：在测量发电机定子绝缘电阻时，在电压相线与地线之间使用 2 500 V 绝缘电阻表。绝缘电阻测量值应大于 100 MΩ。

（3）启动性能检查

1）试验方法：机组在备用状态下，A 排与 B 排分别连续进行 5 次（每次启动间隔时间 3～10 分钟）启动试验。记录启动所需时间和空气瓶压力的变化。

2）试验要求：针对试验内容，柴油机在两套独立的压缩空气启动系统分别作用下，各具有至少连续 5 次启动机组的能力。机组在接到启动信号后在额定时间内（一般是 15 秒）内应达到额定电压和频率。

（4）相序检查

1）试验方法：用相序表检查发电机出线的正确性。

2）试验要求：检查结果应与发电机输出标识相符。

（5）控制屏及配电屏指示装置的功能检查

1）试验方法：检查控制屏和配电屏上的操作元件、按钮和指示装置及相应的功能。

2）试验要求：操作灵活，指示装置工作良好，各项功能符合设计要求无异常现象。

（6）空载整定电压范围检查

1）试验方法：机组处于正常的暖机备用状态，启动柴油发电机组，转速升到额定转速，调整电压整定开关，分别记录最大和最小的电压数值。

2）试验要求：电压向上至少能调到额定电压的 110%，向下至少能调到额定电压的 90%。

（7）保护装置动作可靠性检查

1）柴油机滑油进机压力过低保护停机试验（机组处于额速试验状态下进行）

① 试验方法：启动柴油机，在额速空载时，用压力测试专用工具调整滑油压力，使其逐渐降低至保护设定值（额速状态下的要求值），机组保护装置动作。

② 试验要求：当柴油机在滑油进机压力低于 4.5 bar 时柴油机应自动停机。

2）柴油机高温水出机温度过高保护停机试验（模拟输出高温水温度）

① 试验方法：启动柴油机，在额速空载时，用温度标校仪设定温度至 106 ℃。

② 试验要求：柴油机在高温水出机温度高于 106 ℃时应自动停机。

3）柴油机超速保护停机试验

① 试验方法：启动柴油机，在怠速空载时，打开半速试验开关，使柴油机逐步提高转速直至超速保护装置动 作，机组应保护停机。

② 试验要求：当柴油机转速为（336±5）r/min 时，超速保护装置动作，柴油机自动停机。

4）机组低电压、过电压、低频、高频保护试验

① 试验方法：机组静态时，使用继电保护测试仪，对低电压、过电压、低频、高频保护定值及出口进行校验。

② 试验要求：低电压、过电压、低频、高频保护可靠动作。

（8）稳态电压偏差和频率降测量

① 试验方法：把功率因数为 0.8（滞后）的三相对称负载，在额定转速下由空载逐级加载至额定负载的 25%、50%、75%、90%、100%，再将负载按此等级由 100%逐级减至空载。负荷变化过程不应改变调速设置，记录相关数据。

② 试验要求：稳态电压偏差≤± 2.5%。频率降≤5%。记录：空载整定电压、空载频率，各级负载变化后的稳定电压、稳定频率；有功功率、电流和功率因数；环境温度、空气相对湿度、大气压力。

（9）瞬态电压和频率偏差及恢复时间测量

1）试验方法：机组快速启动成功后，随后突加一定功率因数的负载（对于 3 LHP/Q/R 和 4 LHQ 机组，功率为 1 643 kW，功率因数为 0.4；对于 4 LHP/R 机组，功率为 1 855 W，功率因数为 0.5），电压与频率稳定后卸掉此负载。

2）试验要求：频率不应下降到额定值的 95%以下；电压不应下降至额定值的 85%以下；频率恢复到其额定值的 98%以及电压恢复到其额定值的 90%的时间应小于 3 秒。记录：负载突加时的瞬时电压和瞬时频率的最大值、最小值及频率恢复到 49 Hz，电压恢复到 9 kV 的时间以及环境温度、相对湿度、大气压力。

（10）电压调制和稳态频率带测量

1）试验方法：把功率因数为 0.8（滞后）的三相对称负载，由空载逐级加载至额定负载的 25%、50%、75%、90%、100%，记录电压和频率变化，每一工况稳定 2～3 分钟。

2）试验要求：电压调制：≤1%；稳态频率带：≤1.5%；记录：环境温度、空气相对湿度、大气压力、空载和各级负载状态下电压和频率波动后的最大值和最小值（观测时间约 1 分钟）；功率、电流、和功率因数的稳定值。

（11）燃油消耗率测量

1）试验方法：用流量计分别测量机组在 50%、75%、90%、100%和 110%额定功率下的油耗。

2）试验要求：100%额定功率下≤205 g /（kW・h）。

（12）线电压波形正弦性畸变率测量

1）试验方法：在空载额定电压记录畸变率测量值。

2）试验要求：机组在空载额定电压时的线电压波形正弦性畸变率应小于 5%。

（13）振动测量

1）试验方法：机组在 0%、50%、75%、100%、110%额定负荷时，测定机组各点三个方向上速度的有效值。

2）试验要求：柴油机振动速度有效值小于 45 mm/s，发电机振动速度有效值小于 20 mm/s。测点分布如图 4-1 所示。

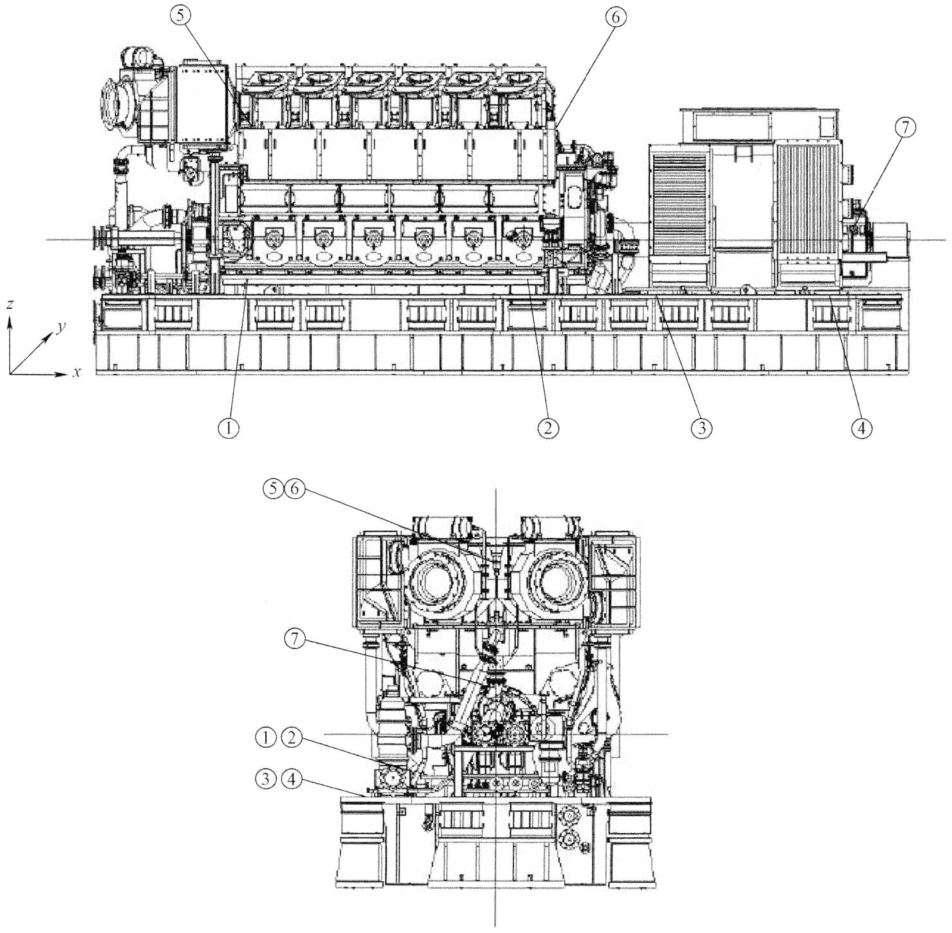

图 4-1　振动测点分布图

（14）噪声测量

1）试验方法：机组在整定于额定转速后，分别测定其在 50%、100%和 0 负荷时的噪声，可结合负荷试验进行。柴油机在额定工况下运行，用精密声级计在距离被测点 1 m 处测量柴油机各点的噪声值。噪声测量的方法参照标准 ISO 3744—1996《声学-噪声源声功率级测定》。

2）试验要求：每个测点应重复测量三次，每次测量结果之差应不大于 2 dB，记录环境温度、温度、大气压力、日期，各测点声压级 LP（A），背景声压级。噪声值应不大于 113 dB。测点分布如图 2 所示。

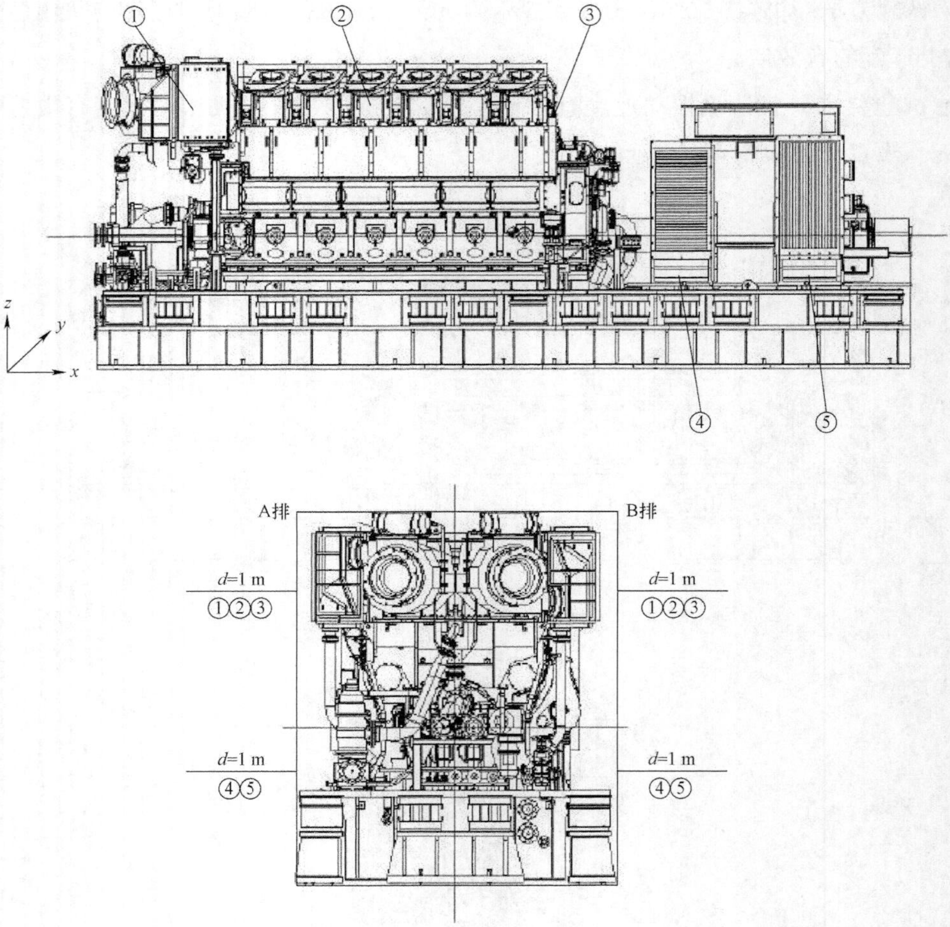

图 4-2　噪声测点分布图

（15）负载试验

1）试验方法：

机组在备用状态下正常启动后，空载运行 5 分钟，逐步加载按额定功率的 0%—25%—

50%—75%—90%的比例逐渐增加负载。50%与 75%额定功率下各运行 1 小时 25%与 90%运行半小时，记录每工况数据一次；将负载升至短时功率（110%额定功率）运行 2 小时。机组每隔1 小时记录一次机组各主要性能参数；将负荷降至100%额定功率连续运行6 小时，机组每隔 1 小时记录性能参数变化；将负荷升至短时功率（110%额定功率），然后突卸此负载（甩负荷试验），记录性能参数变化；逐步卸载，最后停车。

2）试验要求：

机组在 100%额定功率下达到稳定的热平衡温度后的性能参数应满足要求。6 小时 100%额定功率下连续试验过程中不允许出现由于柴油机或发电机的故障而导致的停车。机组在 110%的额定负载运行时无异常现象（如：励磁故障、电气保护等），突卸后的转速≤654 r/min；50%，75%，90%负载下运行时机组的各项性能参数应稳定；由于其他原因导致的停车，在 0.5 小时内可以恢复带载的，试验继续进行。

（16）机组启动及带载可靠性试验

该试验共作 10 次，包括 7 次备用状态和 3 次热机状态下的试验。

1）试验方法：

备用状态：备机状态下快速启动，15 秒内达到额定频率和电压；随后突加 50%额定负载（阻性或阻性与感性结合），当滑油温度和高温水温度分别达到热平衡温度后运行 10 分钟，记录机组参数。突卸负荷停机（甩负荷），待到备机状态下再次启动，共做 7 次。

热机状态：热机状态下快速启动，15 秒内达到额定频率和电压；随后突加 50%额定负载（阻性或阻性与感性结合），当滑油温度和高温水温度分别达到热平衡温度后运行 10 分钟，记录机组参数。突卸负荷停机（甩负荷），热机状态下再次启动，共做 3 次。

2）试验要求：0 次的快速启动试验不允许有一次失败，每次试验中机组在接到启动信号后，应在 15 秒内达到电压和频率的额定值。

第五章

应急柴油发电机组现场试验

5.1 概 述

应急柴油发电机组作为核电机组的厂内应急电源，它为机组在异常或事故工况下停运提供所需要的电能。应急柴油发电机组样机在工厂测试阶段需通过样机鉴定，应急柴油发电机组在现场安装完毕正式投运前，现场经过调试已验证其符合核电厂设计规格书，可确保其可用性和可靠性。在调试过程中调试管理工作可确保调试工作按时按质完成。本章节将就核电厂调试管理、现场试验主要内容、现场验收试验的具体施行、我国应急柴油发电机组制造质量与现场调试试验概况这四方面展开阐述。

5.2 核电厂调试管理

5.2.1 调试和调试管理

核电厂整个循环中经历厂址选择、设计、建造、调试、运行和退役六个主要阶段。调试是将核电厂已安装的部件和系统投入运行并进行性能验证，以确认是否符合设计要求、是否满足性能标准的过程。调试由反应堆装料前和装料后两种条件下的试验组成。

调试管理是遵循法规和质量保证大纲要求，严格执行调试启动手册程序。在准备阶段建立起所有的必需条件，包括人员配备、物资保障、方式方法等硬件、软件条件，以保障调试工作按照要求顺利进行。

5.2.2　法规要求

核安全法规 HAF 0300《核电厂运行安全规定》对核电厂的调试提出了必须满足的安全基本要求：HAF 0400《核电厂质量保证安全规定》则对核电厂调试期间的质量保证的制定和实施提出了原则性的要求。HAF 0304《核电厂调试程序》和 HAF 0405《核电厂调试和运行期间的质量保证》对前述调试相关的法规要求进行了说明和补充，提出建议并叙述实施方法。

5.2.3　调试准备工作管理

调试准备工作主要可分为组织准备、人员培训授权、技术储备、文件准备和物资准备五个主要方面。

（1）组织准备

核电厂一般由多个业务处室和功能处室组成调试队组织机构。业务处室主要负责机械、电仪、热工、化学等相关专业的调试工作。功能处室主要负责文件、计划、移交工作以及调试试验工作的总体协调和计划跟踪，并负责组织反应堆物理等试验。

（2）调试人员培训和授权

调试人员必须经过培训和授权来确保其有能力进行所负责的工作，并清楚其工作的安全后果。

为保证培训工作质量，调试队需编制《调试人员培训大纲》，定义各个调试岗位人员的培训要求，并以此为基础，编制培训工作计划。联合调试现场、制造厂商、研究设计机构开展调试技术课程培训。

（3）调试技术准备

调试技术准备首要任务是建立起国内技术支撑体系。主要是同国内的设计院、研究院、大学、企业签订技术服务合同。其次，列出调试外包项中的调试特殊专业实验项目清单，由国内外有相关资质的单位执行。技术储备的其他工作包括建立调试资料库和试验文件管理系统，建立调试管理信息相关软件。建立调试队资金预算和物资管理体系。技术储备中工作量最大的一项工作是编制调试进度计划。

（4）调试文件准备

1）调试管理文件准备

调试管理文件主要部分为《调试启动手册》，包括五个部分：

① 调试准备工作程序：描述调试准备工作活动的处理；

② 总体程序：主要描述调试队与各外部接口单位的分工和协调；

③ 执行程序：主要描述调试队和各接口单位要遵循的具体工作处理方法的程序；

④ 调试组织程序：为调试队内部工作分工和内部各项工作处理方法程序；

⑤ 临时程序：为执行程序无法使用时（缺乏相应条件）应用的临时管理程序。

2）调试技术文件准备

调试技术文件除由供货商向业主提供外，对于业主而言，调试技术文件准备工作主要涉及供货商提交设计文件的审查，在供货商提交文件基础上编写部分调试文件。

设计阶段文件的编写审查工作由设计采购队负责，调试队根据到岗人员情况，参加调试文件设计阶段编写工作，使调试技术骨干尽早了解所负责调试的系统。

在调试准备和实施阶段，调试队负责试验程序现场验证生效工作，并负责在试验完成后编写试验报告。

（5）试验物资准备

调试物资准备主要包括调试临时设备准备、调试仪器仪表和工具准备、调试备件和消耗材料准备工作。

其中以调试仪器仪表准备工作为重点。由供货商提供的调试仪器仪表需要定期进行检定和标定。所以调试仪器仪表的管理应开始时就建立起严格的管理制度，包括仪器仪表的存放、检定和标定、借出使用跟踪和管理软件的建立和使用等，保证试验所使用的仪器仪表为有效，从而保证测量数据的质量。

5.2.4 调试过程管理

（1）调试任务及计划

核电厂安全导则 HAF 0304《核电厂调试程序》对核电厂调试主要阶段进行了详细描述。

核电厂调试大致分为 10 个阶段，即单系统试验、核冲洗和开盖冷试、冷试、热试准备、热试、装料准备、装料、临界前试验、首次临界和低功率试验、功率提升试验阶段。

这 10 个阶段所包括的试验项由多个试验程序描述，如何合理地安排这些试验项是调试计划所需要解决的问题。一个完整而严密的调试计划是调试实施和管理的基本依据。

调试进度计划的建立首先考虑的是调试期间工程各个里程碑的要求，如冷试、热试、装料等，对应于每个里程碑，都有一份电厂系统必需可用的清单，在此之前验证这些系统可用的调试试验项应已完成且结果合格，这就确定了调试试验项目必须完成的最后期限。另一方面，调试试验项必须在相关系统和设备的安装结束并已移交给调试队以后，在安装结束状态报告签字后才能开始，从而确定单系统调试的最早开始时间。单一系统内部各试验项的逻辑关系由系统调试大纲确定，再考虑试验项对其他系统可用性的要求，从而确定了试验项与其他系统的试验项之间的逻辑关系。但有时，试验项与安装工作项或机组状态有逻辑关系，所以调试计划中也需考虑这些安装工作项或机组状态变化过程的影响，从而建立起核电厂调试三级进度计划数据库。

在电厂调试三级进度计划基础上，制定出调试关键路径计划、系统调试四级进度计划、调试周计划以及总体调试期间的三天滚动试验计划。

（2）调试队外部接口管理

核电厂的调试工作涉及到供货商、设计、施工安装等调试上游单位，也涉及到生产、维修等下游单位，同时还有核安全监管当局、质保、合同、计划和外部技术支持单位。调试队与这些接口单位的关系由管理程序描述，用程序规定各单位的责任分工并定义工作流程。

1）与施工队和安装承包商接口管理

与施工队的接口内容包括安装结束状态报告（EESR）日期实现与调整、安装结束状态报告检查、遗留项清除、设备消缺工作等。

在 EESR 之前，调试队应对 EESR 提出技术要求，内容包括：

① 移交系统或子系统的边界；

② 特殊要求清单：列出为进行试验而需加装的临时设备；

③ 遗留项清单：EESR 暂不安装的部件（如孔板等）。

为试验而加装的临时设备将在试验后拆除，遗留项则需在试验进行到一定阶段时才能清除。根据调试队提出的技术要求，施工队将监督安装承包商修订文件，以将技术要求的内容结合到 EESR 报告中。

2）与供应商、设计采购队和设计院的接口管理

接口内容主要涉及供应商调试人员派遣、调试试验程序的发布准备工作、试验报告的分析审查、设计变更管理、调试意外事件分析处理和不符合项处理。

通常，与设计承包商的接口通过设计采购队进行管理，但在调试期间，由于调试工期紧张，调试队也会与供应商之间建立直接通信通道，以尽快得到供货商对调试的工作响应，尤其是对试验程序的宣布可工作和试验报告的分析审查工作。

3）与生产部和维修部的接口管理

接口内容主要涉及设备移交、生产人员的调试参与、运行文件生效、生产人员培训和调试服务（化学分析和仪表标定等）。

调试期间是生产人员及早了解电厂系统设备并掌握技术的最好时机。通过上述活动，调试队在获得生产人员的调试服务支持的同时，也协助生产人员提高技术能力已胜任接产投产工作。

（3）试验的准备、实施与试验报告管理

由调试队授权试验负责人进行其负责的系统和设备的试验准备、实施与试验报告编写工作。

在试验准备期间，试验负责人检查相应的设计阶段试验程序已正式出版，向设计者，即供应商现场代表或设计采购队，发出文件准备工作请求，设计者将考虑试验程序出版后的设计变更，列出设计变更对试验程序的影响，并宣布试验程序可执行。

调试队行政技术处负责试验文件状态的统一管理，在接到可执行工作试验程序后，发出试验程序的使用通知（NFU）。

试验负责人在 NFU 版本试验程序基础上，根据现场系统设备的实际情况对程序进行验证生效，并考虑所有相关的现场设计变更，将试验程序进行适应性修订，使试验程序成为可执行版本（CFA），CFA 版试验程序送设计者特别是供货商现场代表审查并签字，这体现了供货商对设备的责任。

在装料以后，与核安全相关的 CFA 试验程序还需送生产部审查，以检查试验实施过程不违反技术规格书的规定。

CFA 版本试验程序在经历了上述审查之后，由调试经理签字批准实施。这时试验程序已成为空白试验报告。

试验负责人根据批准实施的 CFA 试验程序，提出试验许可证申请，准备试验工具、仪器和测量仪表、试验文件、试验期间安全措施和标志等。当一切准备就绪并持有试验许可证，试验负责人在现场按试验程序步骤逐步进行试验。在试验执行完成后，试验负责人收集记录的数据，进行数据处理，对试验数据进行初步的分析评价，并编写出试验报告。试验报告在调试队内部审核后，送供应商或设计采购队进行审查分析，以取得设计者的同意。

最后，由调试经理确认上述过程均已正确实施，并签字批准试验报告。试验报告原本存在调试队文件库中。在电厂投入商业运行时移交给电厂档案馆。

（4）移交管理

从安装结束开始，系统设备将经历 EESR、TOB（隔离移交）、TOM（维修移交）、TOTO（临时运行移交）过程。

EESR 过程是安装承包商对设备的责任转移到业主调试队的过程，这是一个具有合同意义的移交过程 EESR 签字表明系统设备安装区域转移进入调试区域。

TOB 过程是由生产部运行处承担起系统设备的安全责任管理的过程。TOB 签字后，运行处可实施签发试验许可证等各类许可证，保证试验和工作的实施安全条件。

TOM 的过程是调试将相关系统设备的维修管理责任转移到维修部的过程，由维修部负责组织一级维修和部分二级维修项目。

TOTO 过程是调试队将已完成了全部或部分试验项目并已证明系统能安全运行的系统和设备的操作和运行责任转移到生产部。

TOTO 签字标志着相关系统和设备自调试区域转入临时运行区域，运行处成为设备的运行经理，运行人员根据调试队的计划按正常运行规程对系统和设备进行操作。这使运行人员有机会学习熟悉系统，同时对运行规程进行验证生效。

从反应堆装料开始，由生产部承担起电厂的核安全责任，系统设备的可用性需遵从技术规格书的要求。

（5）工业安全及许可证管理和计算机辅助隔离系统（CBA）的应用

调试期间的工业安全管理遵照行业内的工业安全守则规定。唯一的例外情况是装料前调试队试验负责人可在其试验许可证范围内，独立担负起隔离经理和工作负责人的责任，进行单系统的小规模工作这种例外情况由调试启动手册中专门程序予以规定。

CBA 应用于设备移交和许可证的管理过程。同时，利用 CBA 系统对临时控制变更（TCA）和临时特殊设备（TSD）进行管理，跟踪 TCA 和 TSD 的及时清除，并保证有一份完整而清楚的清单可移交给生产部以避免在投入商业运行后因这些临时设施对机组安全运行产生潜在影响。

（6）调试期间的核安全管理

核安全法规 HAF 0300 中要求核电厂调试的实施情况应分阶段进行审查，在完成对前阶段调试试验所得结果的评价和检查，并确认已实现了全部国标和满足了全部核安全管理要求之后才允许进行下一阶段的调试试验工作。

核电厂的调试管理中设立现场调试委员会来实施上述法规要求。

现场调试委员会在设定的控制点之前召开会议，以评价前一阶段调试试验结果和机组运行情况。确认下一阶段试验开始的安全条件已得到保证，以批准或向核安全监管单位申请批准控制点的释放。

在装料前，需向核安全监管单位报送核电厂调试大纲，由核安全监管单位审核批准。

自装料开始，需遵循核安全监管单位审核批准的核电厂运行技术规格书，对核安全相关系统的不可用性，包括因试验引起系统或设备的不可用，要进行严格的控制管理。

对所有的核安全相关的调试试验，在试验完成后，除编写试验报告外，还需编写试验报告分析单，并由供货商审查确认。试验报告的状态和试验报告分析单的状态均应向现场调试委员会报告。

5.2.5　调试质保和质量控制

核电厂调试期间质保大纲遵从 HAF 0400/HAF 0405 的规定而编制。调试期间质保大纲的要求在《调试启动手册》及有关调试管理程序中阐述实施。同时，调试队接受质保部的定期检查，积极与质保工作人员合作，分析发现调试管理过程中的薄弱环节，及时采取纠正措施，消除调试工作中潜在的质量问题。

在调试内部，对所有质量相关活动，由执行处负责一级质量控制（QC）工作，行政技术处负责二级 QC 工作。质量控制工作的要点是严格执行调试启动手册等调试管理程序，所有活动都有相应的管理程序予以规定，在实施中有相应的文件跟踪，对已实施的活动有记录和检查，并按要求存档。

5.2.6 核电厂应急柴油发电机调试常见问题及管理建议

按以往调试经验来看，核电现场有不少建安期间遗留问题在调试期间被发现后，由于此时建安工作已基本完成，各系统设备布置得很紧凑，拆卸、维修、安装等工作在不影响其他系统或设备的情况下往往没有足够空间或时间窗口；此外，如相关设备涉及调试试验先决条件项，之前完成的试验项目在设备维修或更换后需重做，严重影响试验进程，耽误进度。因此，在安装阶段，各专业组便可以对承包商工作进度进行跟踪，提前介入，督促设备安装、管道安装、管线冲洗、机柜电缆端接及机柜逻辑调试等工作。这样便于更早发现问题，在不耽误调试进度的同时为问题的解决留出更多时间。提前介入也能帮助各专业组熟悉设备现场布置，试验期间能节省找设备的时间。当现场环境满足试验条件后，可以申请将部分调试工作提前，如此一来可以进一步缩短调试工期。由于提前介入进行试验，难免会出现交叉作业的情况，需高度重视现场安全风险。系统负责人及试验负责人需要和土建或设备安装施工人员沟通好，协调工作窗口，将协议结果通告试验小组及施工队全体成员并确保知悉，各自工作窗口期间全力推动工作进度，尽快完成工作任务，避免互相影响。各组员要牢记安全红黄线，制定合理的安全风险措施，确保人身安全及设备安全。

由于核电厂应急柴油发电机建安期间工作量大、时间跨度长、建安工人技术水平不一，专项组成员人力有限，仍会留下一些未被察觉的盲区。总体上，建安及调试期间遇到的问题可归纳为下述几种类型。

（1）系统接线错误

接线错误也是应急柴油发电机组调试期间常见的故障原因。目前施工人员对信号处理装置的安装及调试较严格，但对线路铺设、传感器安装调试往往重视不够，由此导致的一些故障有：温控开关故障导致应急柴油发电机组不可用，励磁线路接线错误导致机组输出电压不满足要求，信号线路接线不规范导致报警信号干扰等。

（2）系统现场布置不合理

应急柴油发电机组内包含若干工艺子系统，存在油回路、水回路、气回路，系统内设备及管道布置如不合理，将影响管道内介质的状态。例如：某核电厂 B 序列应急柴油发电机组现场验收试验结束后，置于手动热备用状态，此时突发全厂失电事故，就地手动启动应急柴油发电机时出现“滑油进机压力低”报警，启动失败。考察现场布置情况后经分析发现，滑油进机管路布置不合理。滑油进机管路有一段低水平管路、一段竖直管路和一段高水平管路。事故时预润滑油泵由于失电停运了一段时间，滑油进机管路的润滑油油位回落到低水平段；机组启动后，滑油需经过竖直段及高水平段进入柴油发电机，由于高水平段管道较长，导致这次启动后滑油进机时间远长于热备用工况，导致启动失败。就此问题该核电厂在工艺上将滑油进机管路进行改造，加长低水平段并缩短高水平段，使滑油进机端建压时间提前，同时对 KVD1 继电器时间定值延长 0.5 秒。整改后，机组在后续几次启动试验时均成功启动。

（3）产品设计缺陷或存在质量问题

核电厂应急柴油发电机调试期间遇到的问题在排除系统现场布置及现场接线原因后，问题根本原因往往指向设计上的缺陷或者产品质量问题。如某核电应急柴油发电机组励磁动态调试时出现问题：发电机空载启动试验时电压突变，调节不平滑；10%阶跃试验中电压上升时间不达标；并网试验时并网后无功功率增大导致电流保护跳闸。经试验分析后查明原因分别是：励磁调节器设计上通过电位器调节电压，电位器会受空气湿度影响出现氧化导致接触不良，此设计存在缺陷；励磁调节器比例放大倍数 VP 参数设置偏小；励磁调节器内部通道接线错误。

有的核电厂应急柴油发电机组互为备用的两套调速器均设计为电子调速器。电子调速器虽然响应快、灵敏度高，但可靠性不如机械调速器，一旦发生故障，原因比较复杂难以排查，例如电子调速器存储器写满导致故障、在固定功率段频率抖动等。因此，设计上将机械调速器作为电子调速器的备用可避免共模故障，提高柴油发电机组的可靠性。

某核电厂应急柴油发电机组完成首次启动后，出现连续多次启动失败的情况。后排查发现该应急柴油发电机使用的电子调速器此前从未在核电厂并网环境下应用过，虽然这台应急柴油发电机出厂前通过了验收试验，但试验阶段使用的电子调速器与出厂成品所用不是同一个品牌。此外，该型号调速器在调试期间也多次出现输出端口芯片烧毁的现象。问题产生原因还是厂家在设备选型方面存在疏忽，同时业主出厂验收时流于形式。

针对设计缺陷、产品质量不合格这类问题，业主需对厂家的设计方案进行审核，在采购阶段的技术规格书内容中要明确地列出，设计上设备核心部件选型必须要具备行业内优秀的应用业绩证明，从而使得设备零部件的质量有所保证。业主在厂家生产设备前，需要求厂家制定严格的质量监控体系，对核心部件要重点监控。另外，出厂验收时应对验收时试验条件严格要求，尽量与现场使用条件一致，所用电控等核心部件验收后厂家不得自行更换。这些措施都要落到实处，保证产品质量。

5.3 现场试验主要内容

应急柴油发电机组具有核安全相关功能，属于1E级设备，要求在核电厂同时失去厂用电及辅助电源时迅速启动，保障机组安全停堆，保护燃料元件及其他关键设备不受损坏，具有容量大（5 000～8 000 kW）、高可靠性（启动成功率在99%以上）、低敏感性（应急运行时）、启动迅速（10 秒内达到额定电压及功率）、带载性能良好的特点。应急柴油发电机组现场试验主要包括现场验收试验、预运行试验和定期试验（定期试验内容将在第 6 章单独阐述）。

5.3.1 现场验收试验

现场验收试验是在完成了安装和初次启动试验后，证明应急柴油发电机组具有完成其预期功能的能力，在现场对其进行的试验。现场验收试验主要包括启动试验、加载试验、额定负载试验、甩负载试验、电气试验和子系统试验。如表 5-1 所示。

表 5-1　应急柴油发电机组现场试验

应急柴油发电机组现场试验		
现场验收试验	预运行试验	定期试验
启动试验	可靠性试验	见第 6 章
加载试验	独立预运行试验	
额定负载试验		
甩负载试验		
电气试验		
子系统试验		

（1）启动试验

应急柴油发电机组序列的蓄电池组作为应急柴油发电机组启动所需的控制电源，启动试验是验证应急柴油发电机组在设备技术规格书规定的时间内达到设备技术规格书规定的电压和频率的能力。频率和电压的验收标准应等于或高于安全相关负荷在规定时间允许范围内所要求的最低电压和频率。

（2）加载试验

应急柴油发电机组序列的蓄电池组作为应急柴油发电机组带载所需的控制电源，加载试验是验证应急柴油发电机组按所要求的顺序和时间期限接受组成设计负载的各个负载并保持将电压和频率在可接受限制内的能力。需要注意的是如果应急柴油发电机组具有轻载或空载运行的能力，则加载试验顺序应考虑这样运行后对负载接受能力的潜在影响。

（3）额定负载试验

额定负载试验是验证应急柴油发电机组具有在指定时间内不超过制造厂商设计限值条件下承载下述负载的能力：

1）等于额定功率的负载，运行时间为达到柴油机平衡温度所需时间加 1 小时。

2）紧接 1）中的负载试验，立即施加短时额定负载运行 2 小时。

（4）甩负载试验

甩负载试验是验证应急柴油发电机组具有甩掉短时额定负载而不会形成超速或者过电压而造成部件损坏的能力。

（5）电气试验

电气试验是验证发电机、励磁系统、电压调节系统、柴油机调试系统、控制和监测系统的电气性能符合预定的适用要求，并满足频率、电压和输出功率的稳态和动态设计要求。

（6）子系统试验

子系统试验是验证控制、保护和监测系统具有按预定要求起作用的能力。

5.3.2　预运行试验

现场验收试验完成后，应进行预运行试验以证明柴油发电机及系统的启动和运行满足要求。预运行试验主要包括可靠性试验和独立性预运行试验。

（1）可靠性试验

可靠性试验是验证新安装的应急柴油发电机组可靠性水平满足可以投入运行的要求。应通过至少 25 次有效启动（例如，20 次慢速启动以减少磨损，5 次快速启动和负载运行试验在每个已安装柴油发电机上无故障地实现这一目标。

（2）独立预运行试验

该节试验内容与后面章节的定期试验内容一致，将在后续章节详细阐述，不再在此节中赘述。

5.4 现场验收试验的具体施行

在 3.1 节列出了现场验收试验的主要试验条目，本节将会详细介绍在核电厂现场是如何按照验收试验的要求具体执行的。在核实完初始条件记录试验时的环境温度和相对湿度后，启动柴油发电机按照以下试验步骤。

5.4.1 应急柴油发电机组启动

（1）确认应急柴油发电机组处于热备用状态；

（2）将选择开关置于远方自动后；

（3）主控室选择应急柴油发电机组使之处于试验模式后；

（4）启动应急柴油发电机组；

（5）在中压二次间隔确认三相电压指示正确。

5.4.2 远方自动同期

（1）确认应急柴油发电机组处于远方自动控制运行状态，速度为额定转速范围，发电机出口电压为额定电压范围，发电机频率为额定频率范围；

（2）确认应急柴油发电机组出口断路器分闸；

（3）确认应急母线进口断路器合闸；

（4）通过操作发电机同期装置按钮进入发电机同期界面。然后通过操作“增功率”或“减功率”按钮设定功率；

（5）在主控室闭合应急柴油发电机组出口断路器，并检查应急柴油发电机组输出功率达到设定功率。

5.4.3 升功率和负荷确认试验

在就地控制间，通过操作“升功率”负载设定按钮缓慢地将应急柴油发电机组负载提升至满功率；当应急柴油发电机组达到满功率时，记录日期和时间；保持应急柴油发电机组运行于满功率直至下表中监测的柴油机和发电机参数稳定（大约 30～60 分钟）并记录，本表选择我国某核电机组选用的应急柴油发电机组为例意在说明需监测哪些重要参数，不同的核电机组部分参数会有差异，如发电机电压、发电机电流、有功功率等。如表 5-2 所示。

表 5-2　需监测的柴油机和发电机参数

参数	验收准则	记录数值	是否满足验收准则
发电机电压	10.29～10.71 kV		
发电机电流	391～412 A		
频率	49.75～50.25 Hz		
有功功率	6 000 kW（+0，–300 kW）		
视在功率	7 500 kVA（+0，–375 kVA）		
无功功率	4 500 kVAR（+0，–225 VAR）		
功率因数	0.7～0.9		
励磁电流	≤7.3 Adc		
励磁电压	≤165 Vdc		
1M1 or 1M2 电流	＜1 A		
1M1 or 1M2 电流角	–21.14°～158.86°		
柴油机转速	995～1 005 r/min		
A 列增压器转速	＜31 300 r/min		
B 列增压器转速	＜31 300 r/min		
三路润滑油入口压力	（0.65±0.05）MPa		
曲轴箱压力	＜0.7 kPa		
启动空气压力	3～3.5 MPa		
控制空气压力	0.6～0.7 MPa		
超速保护空气压力	3～3.5 MPa		
油封油压力	＞0.3 MPa		
两路燃油进机压力	（0.3±0.05）MPa		
高温水进机压力	（0.65±0.05）MPa		
高温水加热器出口压力	＜0.27 MPa		
高温水出机温度	＜95 ℃		
滑油进机温度	（60±3）℃		
两处高温水加热器入口温度	＜95 ℃		
发电机定子绕组 A、B、C 三相温度	＜125 ℃		

续表

参数	验收准则	记录数值	是否满足验收准则
发电机驱动端轴承温度	<95 ℃		
发电机非驱动端轴承温度	<95 ℃		
各缸排气温度	<550 ℃		
各列涡轮增压器出口温度	<550 ℃		

5.4.4 应急柴油发电机组卸载

在应急柴油发电机组卸载之前需要记录下日期和时间；

确认应急柴油发电机组处于远方控制运行状态，转速为995～1 005 r/min，发电机出口电压为10.29～10.71 kV，发电机频率为49.75～50.25 Hz；

确认应急柴油发电机组出口断路器合闸状态，并且柴油机输出功率大于300 kW；

在主控室中操作“远方停止/断开应急柴油发电机组断路器”按钮并确认以下内容：

（1）应急柴油发电机组输出功率自动降低至300 kW；

（2）应急柴油发电机组出口断路器自动断开；

（3）应急柴油发电机组在断路器断开后10秒自动停止。

5.5 我国应急柴油发电机组制造质量与现场调试试验概况

应急柴油发电机组作为能动型核电厂中重要的安全级电气设备，其整体可靠性主要由设备制造、设备安装完成后的调试和预运行试验以及投运后的定期试验三方面决定。总体而言，目前我国应急电源设备制造质量有保障，应急电源现场调试试验结果良好。

5.5.1 应急电源设备制造质量有保障

我国核电厂应急柴油发电机组鉴定标准和依据主要为业界广泛认可和使用的IEEE 387—1995《核电厂备用电源用柴油发电机组》（由美国核管会管理导则RG 1.9 第四版背书）或KTA 3702《核电厂应急供电装置用柴油发电机组》。德国弗里德希哈芬公司（MTU）、法国阿尔斯通公司（ALSTOM）以及我国陕西柴油机重工有限公司等是我国能动型核电厂应急柴油发电机组的主要供应商，且均已取得我国民用核安全级设备供应资质，由以上公司供货的应急柴油发电机组的鉴定均参照上述标准执行，并在设备鉴定及制造过程中接受我国核安全当局的监管。综上所述，我国核电厂应急电源在设备制造过程中的可靠性是有保障的。

5.5.2　应急电源现场调试试验结果良好

福岛核事故前，我国在建核电厂应急电源现场试验部分参考 IEEE 387 以及参考电厂技术规格书执行，试验内容并不全面，并不能充分验证应急电源在安装到现场之后的性能可靠性。

福岛核事故后，我国监管当局对于核电厂应急电源的可靠性予以了充分的重视，新建的能动型核电厂应急柴油发电机组的调试试验以及预运行试验均严格按照 IEEE 387—1995 执行，且试验结果普遍良好。由于试验标准要求明确，验收准则清晰且我国核电厂普遍接受并严格执行，我国核电厂应急电源在安装调试期间的可靠性可以得到有效保障。

第六章

应急柴油发电机组定期试验

6.1 核电厂定期试验

6.1.1 定期试验作用

核电厂定期试验是指在核电厂的整个寿期内按照确定的周期和方法进行的定期检验；确保核安全相关功能中涉及设备的性能与其设计时规定数值的一致性并正确执行其功能。定期试验按照一定周期和固定的方式执行定期检查和验证操作，并确认试验的结果是否与预期准则保持一致。定期试验包括三个重要的因素：技术检查、固定方式、固定周期。其中定期试验中固定的操作方式和实施方法在代表性方面是事先经过实践证明了的，试验所要满足的预期准则也已经确定，通过试验将测量或试验的结果与其相比较，判断安全设备的能力。通过定期试验可以及时地检测系统、设备的性能状态，发现问题并及时维修，保证这些系统与设备处于可用状态。特别是安全相关构筑物、系统或部件是否能继续执行其功能或者是在执行其功能的备用状态，通过对安全重要的系统、部件的定期检查与试验，可以达到下列作用：

（1）持续保障安全级和非安全级设备或系统的可用性；

（2）确保安全设计基准不发生改变；

（3）确保用于事故分析的假设得到遵守；

（4）确保反应堆保护系统（安全功能）可用性标准的控制；

（5）确保必需的事故程序可应用性。

6.1.2 定期试验监督要求

核电厂在运营过程中，营运单位对核电厂的安全运行负有全面的责任。因此，电厂必须确保有足够的监督活动，以保证核电厂是在规定的运行限值和条件下运行。核安全法规 HAF 103《核动力厂运行安全规定》、HAD 103/09《核电厂安全重要物项的监督》、HAD 103/07《核电厂在役检查》对核电厂监督大纲的目的、范围、编制及内容和实施细则提出了要求，以确保核安全和机组运行安全重要的设备、部件均按照国家法规、标准和有关条例进行检查和试验。营运单位必须制定监督大纲并提交给国家核安全局。

从运行阶段的纵深防御来考虑，运行技术规范是纵深防御的第一层次，起到预防作用；而定期试验监督大纲是纵深防御的第二层次，起到监督作用。运行技术规范规定了核电厂各系统要满足的安全限值、保护阈值的整定值，规定了当发生安全相关系统与设备不可用或安全有关参数异常时要遵循的规程。监督大纲提供了使用运行技术规范的必要的方法，大纲规定了对安全相关系统和设备有关参数进行定期的监测，以确保所有与安全相关的系统和设备是可用的，性能是正确的，同时还要确保所有与三道屏障相关的安全限值得到满足。

监督大纲管理的设备包括运行技术规范管理的设备，另外还包括技术规范未管理但是有必要管理的设备。定期试验监督大纲的执行为遵守运行技术规范提供了必要的手段，通过对安全相关的系统和设备进行定期的检查和试验，验证其状态和参数满足监督准则，当试验结果不满足监督大纲的要求时，必须按照运行技术规范的要求，在规定的期限内恢复安全相关系统和设备的可用性，使运行技术规范得到遵守。

核电厂以《安全相关系统和设备定期试验监督要求》作为定期试验的开展依据。但单纯的监督要求并不具备可执行性。为此，核电厂根据《安全相关系统和设备定期试验监督要求》编制《安全相关系统和设备定期试验监督大纲》，将试验内容与责任部门、试验规程相对应，确保试验的可执行性。

6.2 应急柴油发电机组定期试验

6.2.1 定期试验相关的标准和规范

按相关标准和规范及核电厂《安全相关系统和设备定期试验监督要求》的要求，为验证应急柴油发电机组的可用性和各项指标性能，应进行定期试验。国内压水堆核电厂应急柴油发电机组定期试验的具体内容略有差异，但主要试验项目基本一致。目前共有 9 个与应急柴油发电机组定期试验相关的标准和规范（见表 6-1），当前国内核电厂以法系 M310 及改进堆型为主，核电厂应急柴油发电机组的定期试验主要依据为 RCC-E

《900 MW 压水堆核电厂核岛电气设备设计和建造规则》及 RCC-P《900 MW 压水堆核电厂系统设计和建造规则》，俄系 VVER 机组依据 IEEE 387—1995《核电厂备用电源用柴油发电机组》，美系 AP1000 级组柴油发电机组为非安全级设备，但其试验也参照 IEEE 387—1995 部分执行。由于 RCC-E 及 RCC-P 对于核电厂应急柴油发电机组定期试验的要求内容较为简略，仅规定了定期试验频率，对于具体试验内容并未详细提及，其整体可操作性不强。所以现在国内核电厂的定期试验也开始参考 IEEE 387—1995《核电厂备用电源用柴油发电机组》，但并未完全按 IEEE 387—1995 定期试验要求执行。

表 6-1　应急柴油发电机组定期试验相关的标准和规范

编号	名称	国家	对定期试验有要求	对启动方式有要求
HAF 102	《核电厂设计安全规定》	中国	是	否
HAD 102/13	《核电厂应急动力系统》	中国	是	否
RCC-E	《核岛电气设备设计和建造规则》	法国	是	否
RCC-P	《900 MW 压水堆核电厂系统设计和建造规则》	法国	是	否
IEEE 387—1995	《核电厂备用电源用柴油发电机组标准准则》	美国	是	是
EJ/T 625—2004	《核电厂备用电源用柴油发电机组准则》	中国	是	是
KTA -3702	《核电厂应急发电设施》	德国	是	是
NS-G-1.8	《核安全导则》	IAEA	是	是
NRC RG1.9	《美国核管理委员会管理导则》	美国	是	是

M310 及其改进型核电厂应急柴油发电机组定期试验主要参考依据为法国 RCC-E 1993《900 MWe 压水堆核电厂核岛电气设备设计和建造规则》，而“华龙一号”核电厂应急柴油发电机组定期试验主要参考依据为法国 RCC-E 2005《压水堆核电厂核岛电气设备设计和建造规则》。两者在应急柴油发电机组定期试验方面的要求基本一致，其主要内容如表 6-2 所示。

表 6-2　RCC-E 应急柴油发电机组定期试验要求

试验名称	试验目的	试验周期
应急柴油发电机组低功率试验	快速启动，验证启动时间及带载顺序	每月执行一次
应急柴油发电机组满功率试验	验证柴油发电机组向专设应急安全设备提供额定功率的能力	每次停堆换料执行一次

核电厂依据美系 IEEE 387—1995 应急柴油发电机组定期试验要求与法系核电厂应急柴油发电机组定期试验要求差异较大，目前，我国核电厂应急柴油发电机组定期试验正

逐步改进参照 IEEE 387—1995 执行。该标准对于应急柴油发电机组定期试验的主要要求如表 6-3 所示。

表 6-3　IEEE 387 应急柴油发电机组定期试验要求

序号	试验项目	月度	季度	6 个月	停堆换料	十年
1	慢启动试验	√				
2	带载试验	√				
3	快速启动试验			√		
4	失去厂外电源试验				√	
5	安全注入执行信号试验				√	
6	安注与失去厂外电信号叠加试验				√	
7	甩最大单个负荷试验				√	
8	甩设计负荷试验				√	
9	负荷持续性试验				√	
10	热态启动试验				√	
11	同步试验				√	
12	保护脱扣旁通试验				√	
13	试验模式终止试验				√	
14	独立性试验					√

通过表 6-2 和表 6-3 中试验内容可了解两种试验方法的主要差异：

（1）对于月度试验，美系标准要求执行慢启动及满载试验，而法系标准则依然要求执行快速启动及低功率试验；

（2）对于半年试验，美系标准要求执行快启动及满载试验，法系标准无相关要求；

（3）对于停堆换料期间的系统运行试验，美系标准要求全面验证应急柴油发电机组各项安全功能的可靠性，而法系标准则并未细化相关试验要求。

6.2.2　IEEE 387—1995 定期试验的内容及要求

标准 IEEE 387—1995 提出了十分科学的定期试验模式：定期试验应包括可用性试验、系统运行试验和独立性验证试验。其中可用性试验包括慢启动和带载试验（月度试验）以及快启动和带载试验（半年试验）；系统运行试验包括安注及失去厂外电信号叠加试验、甩最大负载试验、甩设计负载试验、负载持续性试验、热启动试验、同步试验、保护脱扣旁路试验和试验模式终止试验，以上试验均在停堆换料期间执行；独立性验证试验则为每10年执行一次。具体试验内容和要求如下：

（1）慢速启动

该试验项目是基于美国核电厂早期的运行经验，采取的改进试验方法。由于之前EDG实施了更多不必要的快启动试验，实际加速了EDG的老化，EDG的可靠性反而不能得到保障。启动方式由快速启动变为慢启动，改变后的启动方式是按预先选择的能使机组应力和磨损降到最低程度的时序达到额定转速。

该试验为可用性试验，试验周期为1个月。

（2）带载试验

通过对柴油发电机组加持续额定功率90%～100%的负载运行不少于1个小时，直到达到温度平衡，以验证机组的带负载运行能力，并对柴油发电机组进行运行保养和检查。该试验可通过使发电机与厂外电源同步的方式完成。试验中机组的加载和卸载应保持逐步平缓的状态，并遵循能使机组应力和磨损降到最低程度的规程执行。

该试验为可用性试验，试验周期为1个月。

（3）快速启动和带载试验

该试验项目是基于美国核电厂早期的运行经验，采取的改进试验方法。将原来的每月进行一次快速启动变更为每6个月一次，这样大大降低了快速启动试验的试验频率，从而减少了柴油机的机械磨损和老化。但是考虑到在发生失去厂外电或发生设计基准事故后，EDG需要在规定的时间内达到额定频率及额定电压并带载。因此，核电营运单位依然需要对EDG的快速启动以及带载能力进行充分验证，而IEEE 387所规定的半年试验则实现了对EDG快速启动带载能力的验证又尽量避免了频繁快速启动对EDG的磨损及老化。

该试验为可用性试验，试验周期为6个月。

（4）LOOP试验

该试验项目主要验证在失去厂外电这一工况下，应急母线甩负载以及EDG自动启动并在规定时间内带载的能力。试验要求在产生LOOP信号时，应急母线应按照要求甩掉相关负载，EDG从备用条件下自动启动，其电压和频率应在规定的时间内达到带载要求并按带载程序带上相应的事故负载并至少运行5分钟。

（5）安全注射执行信号（简称“安注”）试验

该试验项目主要验证在产生安注信号时，EDG自动启动的能力。试验要求在产生安注信号时，EDG从备用条件下自动启动，其电压和频率应在规定的时间内达到带载要求并在备用状态至少运行5分钟。

（6）安注与失去厂外电信号叠加试验

该试验项目主要验证在发生安注的同时叠加失去厂外电的事故工况下，应急母线甩负载以及 EDG 自动启动并在规定时间内带载的能力。试验要求在产生安注叠加 LOOP 信号时，应急母线应按照要求甩掉相关负载，EDG 从备用条件下自动启动，其电压和频率应在规定的时间内达到带载要求并按带载顺序带相应的事故负载并至少运行 5 分钟。该试验为系统运行试验，试验周期为每个换料周期。

由于安注与失去厂外电信号叠加试验与失去厂外电试验以及安全注射执行信号试验存在一定的重复性，在已验证安注信号以及 LOOP 信号通路完整的情况下，营运单位可在定期试验中免去失去厂外电试验和安全注射执行信号试验，直接执行安注与失去厂外电信号叠加试验。

（7）甩最大单个负载试验

本试验项目主要验证 EDG 在带载期间失去最大单个负载之后抗扰动的能力。试验要求 EDG 在带载期间失去最大单个负载之后，应能保证电压和频率的波动在允许范围之内且不会因超速而脱扣，以验证在此种情况下，EDG 抗干扰且能持续向应急母线供电的能力。该试验为系统运行试验，试验周期为每个换料周期。

（8）甩设计负载试验

本试验项目主要验证 EDG 在甩设计负载之后不会因超速而脱扣的能力。试验要求 EDG 甩其设计负载即对应 90%～100%额定功率的负载而机组不因超速而脱扣。

由于厂外电恢复后，我国核电厂均采取直接切除 EDG 的方式，本试验则充分验证了 EDG 甩负载的能力。该试验为系统运行试验，试验周期为每个换料周期。

（9）负载持续性试验

本试验项目是验证在失去厂外电且厂外电长时间不能恢复，EDG 应具备带负载长时间运转的能力。试验要求 EDG 应并网满负载运行不少于 8 小时。其中 2 小时为短时额定功率的负载，6 小时为相当于 90%～100%持续额定功率的负载。整个试验过程中电压和频率应符合要求。该试验为系统运行试验，试验周期为每个换料周期。

（10）热态启动试验

本试验项目是验证 EDG 在满功率运行卸载后重新启动的能力。试验要求 EDG 本体在满功率运行的温度条件下接收到自动启动信号启动或者手动启动并至少运行 5 分钟，其电压和频率应能要求的时间内达到带载要求。

由于厂外电的快速恢复存在一定的不稳定因素，存在短期内再度丧失的可能性，该试验项目即为验证在此工况下，EDG 重复启动的可靠性。该试验为系统运行试验，试验周期为每个换料周期。

（11）同步试验

本试验项目是验证当厂外电恢复时，应急母线负载转由厂外电供电而 EDG 恢复至备用状态的过程。试验要求为 EDG 与厂外电源并网同步、断开 EDG、EDG 恢复至备用状态。

该试验适用于在厂外电恢复过程中，先由 EDG 并网再退出 EDG 的核电厂，对于此种厂外电恢复过程，有利于保证安全级负载不会失电，但也存在并网之后短路电流过大超出 EDG 断路器开断能力的风险。

由于我国 M310 核电厂对于厂外电恢复过程普遍采用先断开 EDG 后恢复厂外电供电方式，因此该试验并不适用于我国 M310 核电厂的实际。

（12）保护脱扣旁通试验

本试验项目是验证 EDG 在应急启动的工况下能够自动旁通特定的保护脱扣，对于保护柴油机和发电机本体的重要保护（如超速保护、发电机差动保护等）则不予旁通。

为保护 EDG 本体，该试验可通过二次侧予以信号模拟验证保护是否脱扣，该试验为系统运行试验，试验周期为每个换料周期。

（13）试验模式终止试验

本试验项目是验证当 EDG 并网带载试验时，应急安全注射信号能够使 EDG 终止试验恢复至备用状态。

该试验适用于 EDG 月度试验采取并网带载试验方式的核电厂，由于我国 M310 堆型核电厂 EDG 月度试验采取 EDG 带应急母线负载的方式执行，并未并网试验，且未设计相关控制逻辑，因此该试验并不适用于我国 M310 堆型核电厂。

（14）独立性试验

本试验是为了验证两列冗余的 EDG 同时启动并运转（无负载），不会发现潜在的共因故障。

该试验为独立性验证试验，试验周期为 10 年。

6.2.3 国内核电厂应急柴油发电机组的定期试验内容

由于我国核电厂应急柴油发电机组定期试验仅部分参照 IEEE 387—1995 执行，目前大部分核电厂应急柴油发电机组定期试验的主要内容如表 6-4 所示。

表 6-4 国内应急柴油发电机组定期试验要求

序号	试验项目	月度	季度	6 个月	停堆换料	十年
1	慢启动试验	×				
2	带载试验	√				
3	快速启动试验			√		
4	失去厂外电源试验				√	

续表

序号	试验项目	月度	季度	6个月	停堆换料	十年
5	安全注入执行信号试验				√	
6	安注与失去厂外电信号叠加试验				√	
7	甩最大单个负荷试验				×	
8	甩设计负荷试验				√	
9	负荷持续性试验				√	
10	热态启动试验				√	
11	同步试验				√	
12	保护脱扣旁通试验				√	
13	试验模式终止试验				×	
14	独立性试验					√

6.2.4　IEEE 387与我国核电厂EDG定期试验的主要差异

（1）启动方式不同

IEEE 387—1995中定期试验说明了两种启动试验要求：慢启动试验即证明EDG从备用条件下正常启动的能力，并验证达到了要求的设计电压和频率。机组宜按预先选择的，能使应力和磨损降到最低程度的时序达到额定转速。快启动试验：证明每台EDG从备用条件（如果核电厂有正常运行预热系统，这也是其备用条件）下启动，验证EDG的电压和频率能核电厂技术规格书的要求在可接受的时间内达到可接受的限值内。

IEEE 387—1995要求每个月执行1次慢启动试验，6个月执行1次快启动试验。而目前国内核电厂应急柴油机定期试验和柴油机启动时间基本遵循早期的设计标准未设置慢启动模式，应急柴油发电机组启动方式均为快启动模式。启动时间多为10～15秒，虽然应急柴油发电机运行及试验是处于热备用状态，有良好的预热预润滑状态，但大型柴油机因其部件转动惯量大，其起动速度要比小型柴油机慢得多。为了满足应急快速起动的需要，柴油机在设计中均考虑了采用加大高压空气进气量和延长进气时间的方式来加速设备起动，这种方式往往会对柴油机的零部件带来较大伤害和磨损。

美国核管会（NRC）相关技术分析报告提到，应急柴油机在热备用状态快速启动后立即带载运行易造成磨损和老化，损伤原因是较大的机械应力和热应力、加速阶段运动部件润滑不足和剧烈变化的燃烧室压力。快速启动对加速柴油机老化的具体影响主要包括以下几个方面：

1）柴油机快速升速，使得在正常润滑油膜没有完全形成时活塞环对气缸壁的作用力及轴承所受的负载极大。这种金属之间的接触可以导致气缸壁和凸轮表面磨损，并加速主轴承和连杆轴承的磨损。

2）在快速升速过程中，未安装扭振减振装置的曲轴会产生较强的曲轴扭转振动。对于一些没有安装扭转振动阻尼器的柴油机出现机轴裂纹，放大的机轴扭转振动被认为是造成该情况的原因。扭转振动同时也会出现在柴油机其他部件中，如柴油机驱动的水泵、凸轮轴和齿轮。

3）在没有达到热平衡的情况下，柴油机的快速升速和带负荷会使气缸缸体和曲柄轴箱承受很高的机械应力和热应力，易造成柴油机结构扭曲变形。这些扭曲变形反过来会引起金属之间的接触（摩擦），并加速部件的磨损。

4）柴油机快速升速过程更容易发生超速情况，这种超速状态会使柴油机和发电机部件所受的应力增大，从而加速机械磨损。

5）柴油机快速升速和带负荷，会加速涡轮增压器的磨损，尤其是在涡轮增压器润滑还没完全建立时。

由此可见，柴油机快速启动过程中，较易发生主轴承和连杆轴承振动冲击、扭振、曲轴箱振动以及涡轮增压器的振动，导致加速磨损和老化。这种启动方式会影响了设备的寿命和可靠性。

（2）带负载功率不同

IEEE 387—1995 要求应急柴油发电机组每月执行 1 次带载试验，机组持续额定功率 90%～100%的负载运行不少于 1 小时，直到柴油机达到温度平衡，以证明机组的带负载运行能力。目前，我国核电厂应急柴油发电机组定期试验包含低功率试验和满功率试验两种，低功率试验通过切断正常电源带厂用负荷进行；满功率试验通过与厂外电源并网后进行。现在大部分核电厂应急柴油发电机组执行每月 1 次的启动和部分功率试验：由主控制室进行启动控制，发电机通过应急配电盘带 40%额定功率负荷运行一定时间，柴油发电机组的全部保护都投入运行；反应堆停堆换料期间的 1 次满负荷试验：将应急柴油发电机组接入电网，并带满负荷运行一定时间，全部保护投入运行。

我国 M310 核电厂未执行每月 1 次的并网满负荷试验的主要原因是受到中压开关柜开断短路电流能力的限制。我国核电厂应急柴油发电机组额定功率普遍较大，应急柴油发电机组并网运行状态时中压厂用电系统三相短路电流存在超过断路器开断能力的风险。核电厂应急柴油发电机组带载试验时需要确保机组正常运行状态下，应急柴油发电机并网且短路电流在中压断路器开关能力之内的情况下，才能保证应急柴油发电机带满载试验可行。

但是应急柴油发电机组执行月度负荷率低于 40%额定功率试验时会导致以下问题：

1）应急柴油发电机组长期在低功率时难以及时发现满功率情况下机组可能存在的问

题。一旦在核电厂检修过程中发现 EDG 并网满功率试验存在问题，检修时间就会延长，带来一定经济损失；

2）对于柴油机运行在轻载或低负荷工况时，由于增压器工作在低效率区，供气量不足即过量空气系数太小，各缸供油量又极不均匀，空气与燃料的配合比例严重失调，因此气缸内燃烧状况恶化，外在的表现就是各缸排气温度相差很大，排气冒黑烟，如在此状况下长时间运行，会造成气缸内积碳增加，污染涡轮机叶轮，堵塞喷油器的喷孔，影响排气阀的正常工作，导致机组的性能变差，甚至还可能会导致系统设备与阀件的故障，最终影响到设备的使用寿命。

（3）其他试验项目的缺失及其适用性分析

1）负载持续性试验

该试验内容适用于我国各个能动型核电厂，且应引起营运单位重视。当前我国 M310 堆型核电厂负载持续性试验所采取的 EDG 并网带载时间普遍较为短暂，不能充分验证 EDG 应具备的带负载长时间运转的能力。

2）热重启试验

由于厂外电的快速恢复存在一定的不稳定因素，存在短期内再度丧失的可能性，该试验项目即为验证在此工况下，EDG 重复启动的可靠性。该试验项目具有实际意义且适用于我国核电厂实际情况，而我国 M310 堆型核电厂对此试验项目普遍忽视，并未执行。

3）同步试验

该试验适用于在厂外电恢复过程中，先由 EDG 并网再退出 EDG 的核电厂，对于此种厂外电恢复过程，有利于保证安全级负载不会失电，但也存在并网之后短路电流过大超出 EDG 断路器开断能力的风险。

由于我国 M310 核电厂对于厂外电恢复过程普遍采用先断开 EDG 后恢复厂外电供电方式，因此该试验并不适用于我国 M310 核电厂的实际。

4）试验模式终止试验

该试验适用于 EDG 月度试验采取并网带载试验方式的核电厂，由于我国 M310 堆型核电厂 EDG 月度试验采取 EDG 带应急母线负载的方式执行，并未并网试验，且未设计相关控制逻辑，因此该试验并不适用于我国 M310 堆型核电厂。

对于我国部分核电厂拟采用移动负载代替 EDG 并网且用于 EDG 月度带载试验的情况，此类核电厂应设计移动负载的控制逻辑以实现试验模式终止功能。

6.2.5　IEEE 387—1995 定期试验执行可行性分析及建议

目前，我国 M310 型及其改进型核电厂应急柴油发电机组定期试验存在以下主要问题：

（1）频繁快启动试验存在导致应急柴油发电机组可靠性降低的风险

虽然柴油机在热备用状态下已处于良好的预热预润滑状态，但大型柴油机因其部件转动惯量大，其起动速度要比小型柴油机慢得多。为了满足应急快速起动的需要，柴油机在设计中均考虑了采用加大高压空气进气量和延长进气时间的方式来加速设备起动，这种方式往往会对柴油机的零部件带来较大伤害和磨损，极大地影响设备的寿命。

（2）长期低功率试验存在导致应急柴油发电机组性能下降的风险

对于柴油机运行在轻载或低负荷工况时，由于增压器工作在低效率区，供气量不足即过量空气系数太小，各缸供油量又极不均匀，空气与燃料的配合比例严重失调，因此气缸内燃烧状况恶化，外在的表现就是各缸排气温度相差很大，排气冒黑烟，如在此状况下长时间运行，会造成气缸内积碳增加，污染涡轮机叶轮，堵塞喷油器的喷孔，影响排气阀的正常工作，导致机组的性能变差，甚至还可能会导致系统设备与阀件的故障，最终影响到设备的使用寿命。

（3）停堆换料期间应急柴油发电机组定期试验内容不够全面，不能充分验证应急柴油发电机组的可靠性

对于停堆换料期间的定期试验，法系标准则并未细化相关试验要求，因此国内 M310 及其改进型核电厂普遍根据原参考电厂的试验项目执行相关定期试验，其试验内容主要依据法国 EDF 的相关技术规格书制定，相比于 IEEE 387—1995 的细化要求，缺少最大单个负荷卸载试验以及负荷持续性试验等验证柴油发电机组整体安全性能的试验。

综上所述，我国核电厂应急柴油发电机组可靠性总体可控，但是由于我国核电厂应急柴油发电机组定期试验方法普遍长期遵循参考电厂方案且对其缺少足够研究，目前我国核电厂应急柴油发电机组整体可靠性较核电发达国家依然落后，针对此种情况提出以下建议：

（1）优化启动方式和频率

20 世纪 80 年代，NRC 及众多核电厂已开始对 EDG 的老化进行研究。结果表明频繁的快启动是导致 EDG 老化及可靠性下降的主要原因之一。为此，1984 年 NRC 针对提升与保持核电厂 EDG 可靠性所发布的新规明确指出：鉴于 EDG 在丧失厂外电源时的作用，核电厂应保证 EDG 的可靠性，NRC 将在必要时评价核电厂在减少 EDG 的快启动定期试验、跟踪 EDG 的可靠性数据及制定提高 EDG 可靠性的计划等方面的工作。

NRC RG1.9 要求 EDG 的月度启动试验应按“预先所确定的产生最小磨损与冲击的步骤慢速启动至额定转速的试验方式”进行，即采用慢启动试验方式。随后，通过对已修改了定期试验启动方式的 EDG 柴油机进行跟踪调查，性能数据表明这一改进对柴油机的可靠性产生了积极影响。

目前法国国家电力公司（EDF）已将其 EDG 一月一次的快启动试验改为：交替进行

的两月一次的快启动试验及两月一次的启动打油膜试验。

IAEA 亦认为我国 M310 型核电厂 EDG 定期试验过于频繁，一月一次的快启动试验将对 EDG 柴油机的可靠性造成负面影响，建议尽量减少 EDG 的快启动次数（认为快启动应该每个大修才做一次），以降低定期试验对柴油机的老化效应，延长其使用寿命并提升其可靠性。NS-G-1. 8 中明确建议核电厂 EDG 在试验中尽量采用慢启动的方式。

但鉴于目前国内核电厂的应急柴油发电机的启动方式均为快启动，柴油发电机的设计制造未考虑慢启动功能设置，鉴于核电厂运行时间的增加，应急柴油发电机启动次数的增多，建议在未更改启动方式前增加柴油机性能参数及机械性能的监测，所有核电厂建立应急柴油发电机运行数据库，以便观测应急柴油发电机的老化状态，同时参考国内外其他研究成果和良好实践，联合应急柴油发电机的设计、制造、运行单位开展详细的启动方式的评估和分析，对应急柴油发电机组定期试验方式进行优化，合理延长柴油机启动时间，制定一个对电厂运行合理可行和设备损耗最小的启动方式，减少运动部件的失效概率，延长柴油机运行寿命，减少维修成本，提高柴油机可靠性。

（2）提高定期试验带载负荷

目前，部分核电厂结合美国 IEEE 387 标准开展 EDG 定期试验，在核电机组正常运行过程中，对其定期进行并网带载试验。对于容量较小的 EDG，在核电厂正常运行过程中开展应急柴油发电机并网试验，中压系统短路电流不会高于开关折断容量，因此采用 IEEE 387 的定期试验方法是可行的，且可以充分验证 EDG 的带载特性。国内其他核电厂也可借鉴这种试验方法，但应确保在机组正常运行状态下，应急柴油发电机并网试验时短路电流不会出现超限情况。

对于我国 M310 堆型核电厂 EDG 月度试验可考虑继续带应急母线负载，但所选取的负载应尽量超过 EDG 额定功率的 50%，以尽量避免轻载对于 EDG 的危害。另外，营运单位也可借助移动试验负荷来执行月度试验。但应详细设计增加移动试验负荷及其 EDG 接口设备和控制逻辑设计。同时控制人员操作风险及设备使用过程中的安全风险，常见情况是移动试验负荷过热而引发火灾。

（3）完善 EDG 定期试验内容

我国在运核电厂多为 M310 机组，普遍使用法系标准，因此我国核电厂应急柴油发电机组定期试验方法普遍参考 RCC-E，RCC-P 以及 M310 参考电厂的运行实践。而法系标准则并未细化相关试验要求，从而导致国内 M310 及其改进型核电厂只能根据参考电厂的试验项目执行相关定期试验。因此，为了全面验证 M310 型核电厂 EDG 的总体性能，我国在运核电厂应根据其实际情况结合 IEEE 387 相关内容，选取更合理更全面的 EDG 定期试验内容，以全面验证 EDG 的整体性能。

（4）尽快开展应急柴油发电机组可靠度摸排工作

当前我国并未系统地组织开展核电厂应急柴油发电机组可靠性的研究工作。由于技术来源不同，我国各核电技术研究单位以及营运单位大多以自身标准体系为依据开展应急柴油发电机组的相关试验工作，其试验数据也普遍保密并不公开，因此我国业内并未完全掌握不同标准体系及试验方法下应急柴油发电机组可靠度的整体数据。在我国核电事业发展已近 30 年且部分核电厂已进入寿期末的情况下，建议尽快开展能动型核电厂应急柴油发电机组可靠度的整体情况摸排工作并建立相关数据库。

（5）加强应急柴油发电机组可靠性验证方法的全面研究

通过掌握我国核电厂应急柴油发电机组可靠度的整体情况，我国核工业界应及时开展对核电厂应急柴油发电机组可靠性的整体研究工作。只有通过了解我国在运核电厂应急柴油发电机组的整体可靠性水平，充分研究可广泛接受的验证应急柴油发电机组可靠性的具体方法以及全面掌握影响应急柴油发电机组可靠性的根本因素，才能建立起一套完善的核电厂应急柴油发电机组可靠性评价体系。从而实现我国核电厂应急柴油发电机组可靠性整体水平的提升。

（6）加快研究建立符合核电厂应急柴油发电机组特性的标准体系

通过研究可广泛接受的验证应急柴油发电机组可靠性的具体方法，我国核工业界应尽快确立适合于应急柴油发电机组自身特性的相关试验标准，并以此为基础逐步建立维护以及评价应急柴油发电机组可靠性的整套标准体系，从而使我国核安全监管单位可以依法监管，核电营运单位亦有法可循。